现代建筑施工技术

与管理研究

◎王作文 孟晓平 / 著

中国水利水电出版社
www.waterpub.com.cn
·北京·

内 容 提 要

建筑施工技术是研究建筑工程中主要工种工程的施工规律、施工工艺原理和施工方法的学科;建筑施工管理是指施工项目从准备阶段到建设项目施工,最后到项目竣工验收、回访保修等全过程的管理活动。本书主要对建筑施工技术与管理进行研究,内容有:土方工程、地基与基础工程、钢筋混凝土工程施工技术与管理、屋面及防水工程施工技术与管理、建筑工程投资与进度控制管理、建筑工程项目的采购与资源管理,以及建筑工程施工项目质量控制与安全管理。

图书在版编目(CIP)数据

现代建筑施工技术与管理研究 / 王作文,孟晓平著.
— 北京 : 中国水利水电出版社,2017.10 (2022.9重印)
ISBN 978-7-5170-5909-7

Ⅰ. ①现… Ⅱ. ①王… ②孟… Ⅲ. ①建筑工程—施工管理—研究 Ⅳ. ①TU7

中国版本图书馆 CIP 数据核字(2017)第 236324 号

责任编辑:陈 洁　封面设计:王 茜

书　　名	现代建筑施工技术与管理研究　XIANDAI JIANZHU SHIGONG JISHU YU GUANLI YANJIU
作　　者	王作文　孟晓平　著
出版发行	中国水利水电出版社
	(北京市海淀区玉渊潭南路 1 号 D 座　100038)
	网址:www. waterpub. com. cn
	E-mail:mchannel@263. net(万水)
	sales@mwr.gov.cn
	电话:(010)68545888(营销中心) 、82562819 (万水)
经　　售	全国各地新华书店和相关出版物销售网点
排　　版	北京万水电子信息有限公司
印　　刷	天津光之彩印刷有限公司
规　　格	170mm×240mm　16 开本　13.5 印张　242 千字
版　　次	2017年10月第1版　2022年9月第2次印刷
册　　数	2001-3001册
定　　价	58.00 元

前　言

建筑施工技术是研究建筑工程中主要工种工程的施工规律、施工工艺原理和施工方法的学科。即根据工程具体条件，选择合理的施工方案，运用先进的生产技术，达到控制工程造价、缩短工期、保证工程质量、降低工程成本的目的，实现技术与经济的统一。

建筑施工管理是指施工项目从准备阶段到建设项目施工，最后到项目竣工验收、回访保修等全过程的管理活动，是一种具有特定目标、资源及时间限制和复杂的专业工程技术背景的一次性管理事业。建筑施工管理是施工企业管理的重要组成部分，也是建筑产品形成过程中的重要投入手段，对于提高建筑产品的质量水平，提高工程建设投资效益等起着巨大的保证作用。

在我国目前众多的建筑工程施工中，钢筋混凝土的施工占有很大比例。无疑，钢筋混凝土工程是建筑工程施工中的主要工种工程。钢筋混凝土工程施工是一个综合性的施工进程，施工中要合理组织，全面安排，紧密配合，精心施工作业，以加快施工速度，确保工程质量，减少浪费。

建筑工程项目的施工质量与安全是工程建设的核心内容之一，生产必须保证质量，注意安全是为了更好地生产。建筑工程质量反映了其满足现行国家及行业相关标准规定或合同约定的要求，包括在使用功能、安全及其耐久性能、环境保护等方面所有明显和隐含能力的特性总和。明确施工安全生产职责，强化施工安全管理，建立健全建筑施工安全保障机制，是维持建筑事业持续、健康和稳定发展的重要保证和基础。建筑施工安全关系到改革发展和社会稳定的大局，关系到建筑施工人员的生命财产安全。

本书共分7章，其具体内容如下：

第1章土方工程施工技术与管理研究，主要论述土方工程施工内容及土的性质、土方工程量计算及现场调配、土方机械化施工、土方填筑与压实，以及市政道路土方工程施工案例。

第2～4章主要阐释地基与基础工程施工技术与管理、钢筋混凝土工程施工技术与管理，以及屋面及防水工程施工技术与管理。其中，第2章主要阐释地基处理及加固技术、浅基础施工、桩基础工程，以及灌注桩施工工程案例；第3章主要论述模板工程施工、钢筋工程施工、混凝土工程施工、混凝土工程冬期施工，以及钢筋混凝土工程施工案例；第4章主要阐明屋面防水工程、地下防水工程、室内其他部位防水工程，以及屋面防水工程施工案例。

第5～6章主要对建筑工程投资与进度控制管理，建筑工程项目的采购与资源管理进行阐述与探究。其中，第5章主要探究建筑工程投资控制、建筑工程全过程阶段的投资控制、建筑工程进度计划控制；第6章主要阐释建筑工程项目的采购管理、资源管理，以及建筑工程项目的采购与资源管理案例。

第7章建筑工程施工项目质量控制与安全管理研究，主要研究施工项目质量控制体系、施工项目质量控制与验收、建筑工程施工安全管理，以及建筑工程文明施工管理。

本书在撰写时参考了大量有价值的文献资料，汲取了许多人的宝贵经验，在此向相关作者表示衷心的感谢。由于作者水平有限，书中难免存在缺点和疏漏之处，敬请广大读者批评指正。

作　者

2017年8月

目　　录

第1章 土方工程施工技术与管理研究

作为建筑工程施工的一个主要分部工程,土方工程是无论哪一项建筑工程的开始。在大型建筑工程当中,因为会受到来自土方工程量大、施工条件复杂、施工中受气候条件、工程地质和水文地质条件等多方面的影响,基于此,在施工之前,应该针对土方工程的施工特点,有针对性的对合理的施工方案进行制定。本章主要论述土方工程施工内容及土的性质、土方工程量计算及现场调配、土方机械化施工、土方填筑与压实,以及市政道路土方工程施工案例。

1.1 土方工程施工内容及土的性质

1.1.1 土方工程施工内容

就土方工程而言,其主要包括两大类:一是场地平整,完成"四通一平","四通"即施工现场水通、电通、路通、通讯要通,"一平"是施工现场要平整,也就是施工中土方的挖、填工作;二是基坑、基槽及管沟、隧道和路基的开挖与填筑,在施工当中需要致力于解决开挖前的降水、土方边坡的稳定、土方开挖方式的确定、土方开挖机械的选择和组织以及土壤的填筑与压实等方面的问题。

1.1.2 土的性质

就土方工程施工而言,土的工程性质会对其产生直接的影响。基于此,在对土方量进行计算、对运土机具的类型和数量进行确定时,需要对土的可松性进行考量;在对基坑降水方案进行确定时,需要对土的渗透性进行考量;在对边坡稳定性进行分析、土方回填时,需要对土的含水量和密实度进行考量。

1.1.2.1 土的可松性

所谓土的可松性,指的是土处于自然状态下,在被挖掘之后体积会增大,再回填压实之后也不能令其原状的性质得以恢复。在对土方工程量进行计算时,计算的是它自然状态下的体积,但是对土方挖运的计算则是计算它的松散体积,与此同时,在对土方平衡进行调配、对填方所需挖方体积进行计算、对于基坑(槽)开挖时的留弃土量进行确定以及对于挖、运土机具数量进行计算时,也需要对土的可松性进行考量。基于此,可以用可松性系数对土的可松性程度进行表示,即:

最初可松性系数: $$K_S = \frac{V_2}{V_1}$$

最终可松性系数: $$K'_S = \frac{V_3}{V_1}$$

式中,K_S ——最初可松性系数是选择土方机械的重要参数;

K'_S ——最终可松性系数是场地平整、土方填筑的重要参数;

V_1 ——土在天然状态下的体积,m^3;

V_2 ——土挖出后的松散状态下的体积,m^3;

V_3 ——土经回填压实后的体积,m^3。

1.1.2.2 土的渗透性

所谓土的渗透性,指的是在土体当中水渗流的性能,通常情况下用渗透系数来表示,换言之也就是单位时间内水透过土层的能力,通常情况下是需要进行试验才能够确定的,比较常见的渗透系数如表 1-1 所示。基于土的渗透系数的差异性,可以将其划分为透水性土(如砂土)和不透水性土(如黏土)。

表 1-1 土的渗透系数

土的种类	$K/(m/d)$
亚黏土、黏土	<0.1
含亚黏土的粉砂	0.5~1.0
纯粉砂	1.5~5.0

土的种类	$K/(\mathrm{m/d})$
含黏土的粉砂	10～15
含黏土的中砂及纯细砂	20～25
含黏土的细砂及纯中砂	35～50
纯粗砂	50～75
粗砂夹卵石	50～100
卵石	100～200

在对地下水进行降排时,需要依据土层的渗透系数来对降水方案进行确定,并且依据土层的渗透系数来对涌水量进行计算;在填筑水方的过程当中,需要依据不同土层在渗透系数上的差异性来对其铺填的顺序进行确定。

1.1.2.3　土的天然含水量

土的含水量通常情况下用字母 ω 来表示,指的是土中水的质量和固体颗粒质量之比的百分率,用公式表示为

$$\omega = \frac{m_{\mathrm{w}}}{m_{\mathrm{s}}} \times 100\%$$

式中,m_{w}——土中水的质量;

　m_{s}——土中固体颗粒的质量。

1.1.2.4　土的天然密度和干密度

土的天然密度,指的就是土在处于天然状态下的单位体积的质量。土的天然密度一般用字母 ρ 表示,计算公式为

$$\rho = \frac{m}{V}$$

式中,m——土的总质量;

　V——土的天然体积。

土的干密度指的就是单位体积中土的固体颗粒的质量,土的干密度通常情况下用 ρ_{d} 表示,计算公式为

$$\rho_d = \frac{m_s}{V}$$

式中，m_s ——土中固体颗粒的质量；

V ——土的天然体积。

通常情况下，土的干密度越大，那么土就越密实。就工程上而言，一般在对土的密实程度进行评价时，会将土的干密度作为标准，进而来对填土工程的压实质量进行控制。在谈到土的干密度 ρ_d 与土的天然密度 r 之间的关系时，可以用如下公式来表示：

$$\rho = \frac{m}{V} = \frac{m_s + m_w}{V} = \frac{m_s + \omega m_s}{V} = (1 + \omega)\rho_d$$

1.2 土方工程量计算及现场调配

1.2.1 土方工程量计算

在土方工程开始施工之前，需要首先对土方的工程量进行计算。就土方工程的外形来看，其一般而言是复杂且不规则的，基于此，要想得出精确的计算结果具有一定的难度。通常情况下来说，都要将其假设或者是划分为一定的几何形状，而在计算过程中，需要借助于具有一定的精准度并且有与实际情况有着相似性的方法来辅助完成。

1.2.1.1 基坑、基槽土方量的计算

1)基坑土方量的计算

就基坑的形状来看，其形状多为不规则的，其边坡也具有一定的坡度(见图 1-1)。一般来说，在对基坑的土方量进行计算时，可以按照拟柱体的体积公式进行计算，即

$$V = \frac{H}{6}(F_1 + F_0 + F_2)$$

式中，V ——基坑土方工程量，m^3；

H ——基坑的深度，m；

F_1, F_2 ——基坑的上、下底面积，m^2；

F_0 —— F_1 与 F_2 之间的中截面面积，m^2。

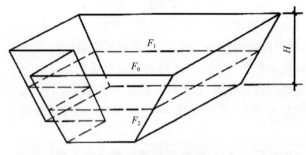

图 1-1　基坑土方量计算

2)基槽土方量计算

对基槽或者是路堤的土方量进行计算，可以按照其长度方向进行分段，在分段之后再按照前面提到的方法进行计算(见图 1-2)。

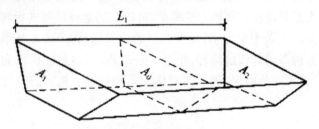

图 1-2　基槽土方量

要想对基槽土方量进行计算，需参照以下公式：

$$V_1 = \frac{L_1(A_1 + 4A_0 + A_2)}{6}$$

式中，V_1 ——第一段长度的土方量，m^3；

　　L_1 ——第一段的长度，m；

　　A_1 ——此段基槽一端的面积，m^2；

　　A_2 ——此段基槽另一端的面积，m^2；

　　A_0 ——此段基槽中间截面面积，m^2。

依据同样的方法，首先对各段体积的土方量进行计算，之后将其相加，就可以得出最后需要的总的基槽土方量。

1.2.1.2 场地平整土方量计算

1)场地设计标高的确定

在对于场地设计标高进行确定时,需要对以下因素进行考量:

(1)对于建筑规划和生产工艺及运输的相关要求进行满足。

(2)尽可能对地形进行利用,有效减少挖填方数量。

(3)就场地内部来看,力求实现挖、填土方量的平衡,尽可能地减少土方运输费用。

(4)要具有一定的排水坡度,进而对排水的相关要求进行满足。

假如在设计文件当中,并没有明确地对于设计标高进行规定,也没有特定的要求,那么可以采用下面的方法对场地的设计标高进行确定。

(1)对于场地的设计标高进行初步的计算。在对场地的设计标高进行初步的计算的过程当中要秉承着场地内挖填方平衡这一基本的原则,换言之就是场地内挖方总量与填方总量等同。如图 1-3 所示,可以对场地地形图进行划分,使其成为边长 $a = 10\sim40m$ 的若干个方格:每个方格的角点标高,当地形平坦的时候,可根据地形图上相连两条等高线的高程,用插入法求得;当地形起伏较大(用插入法有较大错误)或无地形图的时候,则可在现场用木桩打好方格网,然后用测量的方法求得。

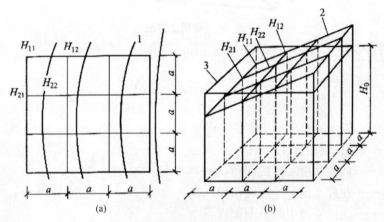

(a)   (b)

图 1-3 场地设计标高 h_0 计算

(a)方格网划分 (b)场地设计标高

1—等高线 2—自然地面 3—场地设计标高平面

基于挖填平衡的原则,在对场地的标高进行设计时,可依据式(1-1)进行计算

$$H_0 = \frac{\sum_{i=1}^{N}(H_{i1} + H_{i2} + H_{i3} + H_{i4})}{4N} \tag{1-1}$$

式中,N——方格数。

假定,用 H_1 代表一个方格的角点标高;用 H_2 代表相邻两个方格公共角点标高;用 H_4 代表相邻的四个方格的公共角点标高。比如把所有方格的四个角点标高相加,那就等同于将 H_1 这样的角点标高相加一次,也就等同于 H_2 的角点加两次,等同于 H_4 的角点标高加四次。正是因为如此,式(1-1)可改写为式(1-2)

$$H_0 = \frac{\sum H_1 + 2\sum H_2 + 3\sum H_3 + 4\sum H_4}{4N} \tag{1-2}$$

式中,N——方格数。

(2)对场地设计标高进行调整。运用式(1-2)计算的设计标高是一个理论值,而在实际的计算过程当中,还需要对如下因素进行考量:

①要考虑到土可松性的影响。由于土具有可松性,按照 H_0 进行施工,填土一般会出现剩余,在这种情况下,可以适当地对设计标高进行提升,如图 1-4 及式(1-3)所示。

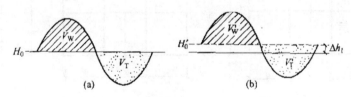

图 1-4　考虑土可松性

$$\Delta h_1 = \frac{V_W(K'_s - 1)}{A_T + K'_s A_W} \tag{1-3}$$

式中,V_W——按理论标高计算出的总挖方体积;

A_T、A_W——按理论设计标高计算出的挖方区、填方区总面积;

K'_s——土的最后可松性系数。

②要考虑到借土或弃土的影响。鉴于边坡挖填方量不均衡,或者是经过经济比较后将部分挖方就近弃于场外、部分填方就近从场外取土进而会造成挖填土方

量的变化,须按式(1-4)对设计标高进行增减:

$$\Delta h_2 = \pm \frac{Q}{A} \qquad (1-4)$$

式中,Q——平整后多余或不足的土方量;

    A——场地面积。

③要考虑泄水坡度对角点设计标高的影响。依据上述计算以及调整之后的场地设计标高对场地进行平整时,整个场地将会处于同一水平面上,但是需要注意的是,有些场地表面对于排水有一定的要求,这就需要有一定的泄水坡度(见图1-5)。正是因为如此,应该依据场地对于泄水坡度的要求(单向泄水或双向泄水)对标高进行调整,如式(1-5)所示。

$$\Delta h_3 = H_0 \pm L_x i_x \pm L_y i_y \qquad (1-5)$$

式中,L_x、L_y ——该点到场地中心线的距离;

    i_x、i_y ——分别为场地 x 和 y 方向的泄水坡度。

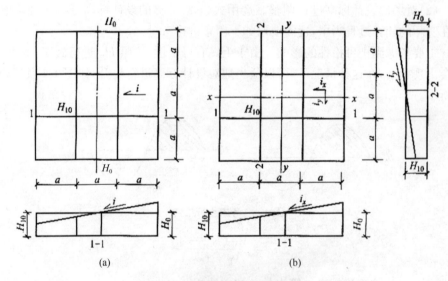

图 1-5　泄水坡度对场地的影响

(a)单向泄水　(b)双向泄水

对于场内的任意一点来说,对其进行标高设计需要遵循式(1-6)

$$h_n = H_0 + \frac{V_W(K'_s - 1)}{A_T + A_W K'_s} \pm \frac{Q}{A} \pm L_x i_x \pm L_y i_y \qquad (1-6)$$

2)场地平整土方量计算

通常情况下,可以采用方格网法来对大面积场地平整的土方量进行计算。换言之,就是要依据方格网各方格角点的自然地面标高和实际采用的设计标高,对于相应的角点填挖高度(施工高度)进行计算,之后再对每一方格的土方量进行计算,并且计算出场地边坡的土方量。基于此,便可以对整个场地的填、挖土方总量进行计算。具体步骤如下:

(1)对方格网进行划分,并且对各方格角点施工高度进行计算。参照已有的地形图(通常用 1:500 的地形图)将其划分成若干个方格网,尽可能地使方格网和测量的纵、横坐标网相对应,就方格的边长来看,通常情况下是在 10~40m 之间,在对于各方格角点的施工高度进行计算时,可以参照式(1-7)

$$h_n = H_n - H \qquad (1-7)$$

式中,h_n ——角点施工高度,即填挖高度,以"+"为填,"−"为挖;

H_n ——角点的设计标高(若无泄水坡度时,即为场地的设计标高);

H ——角点的自然地面标高。

(2)对于零点位置及零线进行计算。在一个方格网内填方或挖方同时进行时,就要首先对方格网零点位置进行计算(见图 1-6),并且在方格网上标注出来,进而将零点连接起来构成零线,这也就是挖填方区分界线(见图 1-7)。

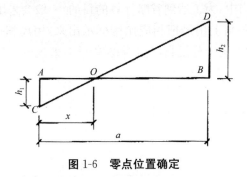

图 1-6 零点位置确定

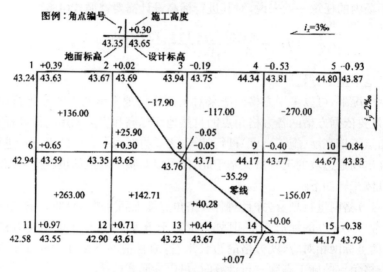

图 1-7 零线的绘制

在对零点的位置进行计算时,可以参照式(1-8)

$$x = \frac{ah_1}{h_1 + h_2} \tag{1-8}$$

式中,x ——角点至零点的距离,m;

a ——方格网的边长,m;

h_1、h_2 ——相邻两角点的施工高度,m,均用绝对值。

在实际的工作当中,为了达到省略计算的目的,一般会采用图解方法直接求出零点(见图 1-8),在各角上用尺把相应比例标示出来,用尺相连,与方格相交点也就是零点位置,这种方法十分便利,与此同时能够有效地避免计算或查表出错。

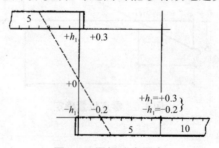

图 1-8 图解法求零点

（3）对方格土方的计算。

①四棱柱方格为全挖方或者是全填方（见图1-9）：

$$V = \frac{a^2}{4}(h_1 + h_2 + h_3 + h_4)$$

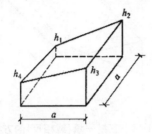

图1-9　四棱柱方格全挖或全填

②在方格上面相邻的两个角是挖方，其余两个角点是填方（见图1-10）。对挖方部分的土方量进行计算可以依据下式：

$$V_{1,2} = \frac{a^2}{4}\left(\frac{h_1^2}{h_1 + h_4} + \frac{h_2^2}{h_2 + h_3}\right)$$

对填方部分的土方量进行计算可以依据下式：

$$V_{3,4} = \frac{a^2}{4}\left(\frac{h_4^2}{h_1 + h_4} + \frac{h_3^2}{h_2 + h_3}\right)$$

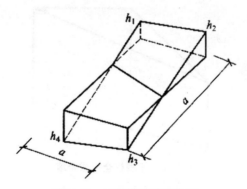

图1-10　两挖和两填的方格

③在方格当中，3个角点为挖方（或填方），其余的那个角点为填方（或挖方）（见图1-11），则填方部分的土方量：

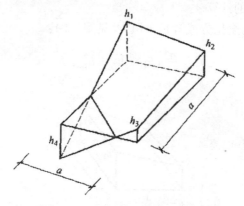

图 1-11　三挖一填(或相反)的方格

$$V_4 = \frac{a^2}{6} \frac{h_4^3}{(h_1+h_4)(h_3+h_4)}$$

$$V_{1,2,3} = \frac{a^2}{6}(2h_1+h_2+2h_3-h_4)$$

④在三棱柱方格当中,全部为挖方或填方(见图 1-12):

$$V_4 = \frac{a^2}{6}(h_1+h_2+h_3)$$

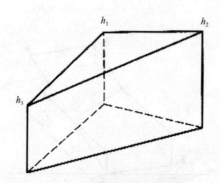

图 1-12　三棱柱全挖或全填

⑤三角形部分为挖方,部分为填方,如图 1-13 所示。
对于挖方部分的土方量进行计算,可以参照下式:

$$V_4 = \frac{a^2}{6} \frac{h_3^3}{(h_1 + h_3)(h_2 + h_3)}$$

对于填方部分的土方量进行计算,可以参照下式:

$$V_{1,2} = \frac{a^2}{6}(h_1 + h_2 - h_3) + V_3$$

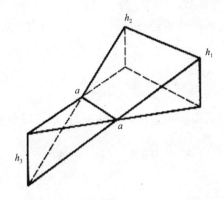

图 1-13　三角形部分挖方、部分填方

(4)对于边坡土方量的计算。可以将边坡的土方量划分为两种近似几何形体计算,即三角棱锥体和三角棱柱体(见图 1-14),其计算可以参照如下公式:

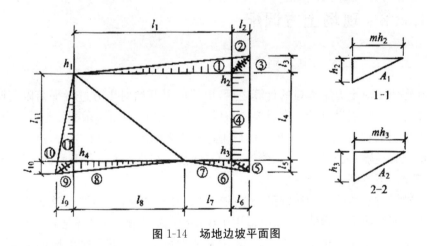

图 1-14　场地边坡平面图

①对于三角棱锥体边坡的体积进行计算。三角棱锥体(图中①~③部分,⑤~⑩部分)的计算可以参照以下公式:

$$V_1 = \frac{1}{3} A_1 l_1$$

式中，l_1 —— 边坡的长度；

A_1 —— 边坡的端面积，即 $A_1 = \frac{1}{2} h_1 m h_1 = \frac{1}{2} m h_1^2$；

m —— 边坡的坡度系数，$m =$ 宽/高。

②对三角棱柱体边坡的体积进行计算。三角棱柱体（见图 1-14 中④部分）的计算可以参照以下公式：

$$V_4 = \frac{1}{2} (A_1 + A_2) l_4$$

如果遇到两端横断面面积相差很大的情况时，则可以参照以下公式：

$$V = \frac{l_4}{6} (A_1 + 4A_0 + A_2)$$

式中，l_4 —— 边坡的长度；

A_1、A_2、A_0 —— 边坡两端及中部的横断面积，算法同上。

（5）对土方总量进行计算。把挖方区（或填方区）的所有方格土方量与边坡土方量进行汇总之后，也就得到了场地平整挖（填）方的工程量。

1.2.2 现场土方调配

1.2.2.1 土方调配原则

在完成了对土方工程量的计算之后，也就可以开始对土方进行平衡以及调配了。作为土方规划设计的一个重要的组成部分，土方的平衡与调配就是要综合、平衡地对挖土的利用、堆弃以及填土的取得这三者之间的关系进行处理，进而在获得最小的土方运输费的基础上，确保施工的方便性。在对土方进行调配的过程当中，需要遵循以下原则：

（1）坚持挖、填平衡和运输量最小的原则。唯有如此，才能够有效地控制并减少土方工程的成本。当然，这仅仅适用于场地范围的平衡，通常情况下并不能够达到运输量的最小化。正是因为如此，还需要依据场地以及其周围的地形条件进行综合的考量，在必要的时候还可以在填方区的周围就近借土，或者是在挖方区的周围就近弃土，而并不是仅仅将范围限定在场地以内的挖、填平衡，唯有如此，才能达到经济合理的要求。

(2)坚持近期施工与后期利用相结合的原则。在对于工程进行分批分期施工时,在对先期工程的土方余额的利用数量以及对方位置进行确定时,需要做到与后期工程的需要相结合,进而实现就近调配。在选择堆放位置时,应该本着为后期工程创造良好的工作面以及施工条件的前提进行考量,力求做到避免挖运的重复性。例如,当先期工程出现土方欠额时,可以从后期工程地点进行挖取。

(3)坚持最大限度地与大型地下建筑物施工相结合的原则。当出现大型建筑物在填土区而且其基坑开挖的土方量又比较大的情况的时候,出于避免土方挖、填和运输的重复性的目的,对于该填土区可以暂时不予填土,等到地下建筑物施工之后再进行填土。基于此,在填方保留区的周围需要备有相应的挖方保留区,或者是将附近挖方工程的余土按照需要进行合理的堆放,进而实现调配的就近性。

(4)在对于调配区的大小进行划分时,需要满足主要土方施工机械工作面大小(如铲运机铲土长度)的要求,进而充分发挥土方机械和运输车辆的效率。总而言之,在进行土方调配的过程中,需要在对于现场的具体情况、有关技术资料、工期要求、土方机械以及施工方法进行考量的基础之上,并与上述原则相结合,综合进行考虑,进而实现调配方案的经济、合理。

1.2.2.2　土方调配图表的编制

对于场地土方进行调配,需要制作相应的土方调配图表,具体来看,其编制方法有以下几个步骤:

(1)对于调配区进行划分。在对于调配区进行划分的过程当中需要注意以下几点:①在划分调配区时,需要注意其与房屋或构筑物的位置的协调性,进而对于工程施工顺序和分期分批施工的要求进行满足,从而达到近期施工和后期利用相结合的目的;②调配区的大小应该使得土方机械与运输车辆能够充分地发挥其功效;③当遇到土方运距较大或者是场区内土方不平衡这种情况时,可以依据附近地形,进而对于就近借土或者就近弃土进行考量,需要注意的是,每一个借土区或者是弃土区都可以被视作是一个独立的调配区。

(2)对土方量进行计算,基于上述计算方法,可以得出各调配区的挖方量,并且将其标注在图上。

(3)对于调配区之间的平均运距进行计算。所谓平均运距,也就是挖方区土方重心的距离。换言之,要想对平均运距进行确定,就需要先对各个调配区土方重心进行计算,并将重心在相应的调配区图上标注出来,再用比例尺对每对调配区之间的平均距离进行测量。

（4）对土方最优调配方案进行确定。需要以线性规划为其理论基础，对最优调配方案进行选定。

（5）对土方调配图、调配平衡表进行绘制。

1.3　土方机械化施工

1.3.1　推土机施工

作为土方工程施工的一种主要机械，推土机就是在履带式拖拉机上安装推土铲刀等工作装置制造而成的机械。基于铲刀的操纵机构的差异性，可以将推土机划分为两类，即索式推土机和液压式推土机。就索式推土机而言，其铲刀需要借助于自身质量切入土壤当中，在硬土当中切土深度比较小。而就液压式推土机来看，其是由液压操纵，进而使铲刀强制切入土中，切入深度比较大。与此同时，液压式推土机还可以对铲刀的角度进行调整，这就极大地增强了其灵活性，是目前最为常见与常用的一种推土机（见图 1-15）。

（a）　　　　　　　　　　　　　　　　　　（b）

图 1-15　液压式推土机外形

（a）侧面　（b）正面

就推土机来看，其操作灵活，便于运转，就其所需工作面而言相对较为狭小，行驶速度比较快，方便转移，能够攀爬 30°左右的缓坡，正是因为如此，可以说推土机的应用范围还是比较广的。较为适合对于一至三类土进行开挖。通常被用来挖土深度不大的场地平整，开挖深度不大于 1.5m 的基坑，回填基坑和沟槽，堆筑高度在 1.5m 以内的路基、堤坝，平整其他机械卸置的土堆；推送松散的硬土、岩石和冻土;配合铲运机进行助铲;配合挖土机施工,为挖土机清理余土和创造工作面等。除此之外,卸掉铲刀之后,还可以对其他无动力的土方施工机械进行牵引,例如拖式铲运机、松土机、羊足碾等,进而从事土方其他施工过程的施工。

就推土机来看,其运距最适宜设定在 100m 以内,在推运距离为 40~60m 的范围内效率最高。为了有效地提高推土机的生产效率,可以采取下面几种方法来进行生产、施工:

1.3.1.1　下坡推土法

在斜坡上,推土机顺下坡方向切土与堆运,可以借助于机械本身向下的重力作用来对土进行切割,进而有效增大切土深度和运土数量,可以将生产率提高 30%~40%,但是需要注意的是,为了避免后退时爬坡困难,坡度不宜超过 15°。在没有自然坡度的情况下,也可以采用分段推土的方法,进而形成下坡送土条件。有些时候,下坡推土可以与其他推土法结合使用,较为适用于半挖半填地区推土丘、回填沟、渠。

1.3.1.2　槽形推土法

推土机在一条作业线上反复多次的进行切土和推土,会使地面上形成一条浅槽,再多次重复地在沟槽中推土,可以有效地减少土从铲刀两侧漏散,进而可以使推土量有 10%~30% 的增加。就沟槽来说,其最为适宜的深度应该控制在 1m 左右,槽与槽之间的土坑宽应控制在 50cm 左右。当推出多条槽之后,再从后面将土埂推入槽内,进而运出。此种方法适用于推土层较厚,运距较远的情况。

1.3.1.3　并列推土法

当施工区的面积较大时,可以采用 2~3 台推土机并列推土的方法。在推土的过程当中,要将两个铲刀之间的距离控制在 15~30cm;在倒车的时候,需要分别按照先后顺序依次退回。采用这样的方法,能够有效地可以减少土的散失,进而增大推土量,可以将生产率提升 15%~30%。但是需要注意的是,平均运距不宜超过 50~75m,也不宜小于 20m;而且推土机数量应该控制在 3 台以内,否则会造成倒车的不便,行驶不一致,进而会在一定程度上对生产率的提升产生制约作用。

1.3.1.4　分批集中,一次推送

当出现运距比较远而且土质较为坚硬的情况时,由于切土的深度并不是很大,比较适合采取多次铲土,分批集中,一次推送的方法。进而使铲刀前保持满载,实

现对推土机功率的最大利用,有效缩短运土的时间。

1.3.2　铲运机施工

所谓铲运机,就是借助于装在前后轮轴之间的铲运斗,在行使的过程中顺序进行土壤铲削、装载、运输以及铺卸土壤作业的铲土运输机械。作为铲运机,其除了能够独立完成铲、装、运、卸等各个工序,还可以执行一定的压实和平整土地的功能,主要用来对土方进行填挖以及对场地进行平整,进而提高生产效率。它是在土方工程当中应用最为广泛的机种。

1.3.2.1　铲运机的运行路线

在对场地进行平整的施工过程中,在对铲运机的开行路线进行确定的时候,就应该依据场地挖、填方区分布的具体情况合理地进行选择,这对于有效地提高铲运机的生产率有着密切的联系。具体来说,铲运机的运行路线主要有以下几种:

1)环形路线

当地形较为平整,施工地段并不长时,通常情况下采用环形路线[见图 1-16(a)、(b)]。就环形路而言,每一次循环只需要完成一次铲土和一次卸土,挖土与填土相互交替;挖土与填土之间相距较短,就可以采用大循环路线[见图 1-16(c)],在一个循环当中能够完成多次铲土以及卸土,唯有如此,才能有效地使铲运机转弯的次数减少,进而提升工作效率。

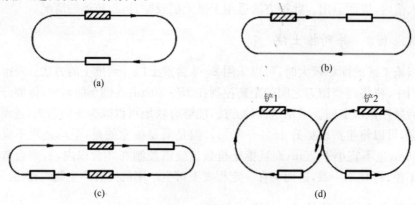

图 1-16　铲运机运行路线

(a)环形路线　(b)环形路线　(c)大循环路线　(d)"8"字形路线

▨—卸土　▭—铲土

2)"8"字形路线

当施工地段比较长或者是地形起伏比较大,在这种情况下,通常情况下采用 "8"字形运行路线[见图 1-16(d)]。就这种运行路线而言,铲运机在上下坡时需要斜向行驶,并不是很受地形坡度的影响;在一次循环当中需要面对两次转弯,且两次转弯方向不同,进而可以有效地避免机械行驶时的单侧磨损;在一个循环当中需要完成两次铲土和卸土,有效地使转弯的次数及空车行驶的距离减少了,从而可以使运行的时间减少,进而促进生产效率的提升。

综上所述需要注意的是,在铲运机运行过程当中,要尽量避免在转弯的时候铲土,否则可能会造成铲刀受力的不均匀,极易导致翻车事故。正是因为如此,出于使铲运机的效能得到充分发挥的目的,并能保证在直线段上进行铲土并且装满土斗,就需要在铲土区当中保障铲土长度的最小化。

1.3.2.2　铲运机作业方法

1)下坡铲土

铲运机需要对地形进行有效的利用来完成下坡推土,对铲运机自身的重力加以运用进而有效地加深铲斗切土的深度,从而有效地缩短铲土的时间,但是需要注意的是纵坡的角度最好控制在 25°以内,横坡的角度控制在 5°以内,当铲运机在陡坡上时,要尽量避免急转弯,否则容易发生翻车。

2)跨铲法

铲运机在进行间隔铲土时,需要预先留出土埂。唯有如此,在进行间隔铲土的时候,由于已经形成了一个土槽,可以有效地减少向外的撒土量;铲土埂的时候,可以有效地减少铲土的阻力。通常情况下,土埂一般控制在 300mm 以内,宽度一般要小于或是等于拖拉机两履带间的净距。

3)推土机助铲

当地势相对平坦、土质比较坚硬的时候,可以用推土机在铲运机后面进行顶推,进而有效地增加铲刀的切土能力,缩短铲土所需时间,提升生产效率。在铲土的空隙,推土机也可以用来承担松土或者是平整土地的工作,进而为铲运机创造更有利于作业的条件。

4)双联铲运法

铲运机在运土过程当中需要的牵引力并不大,在下坡铲土的过程中,可以将两个铲斗前后串在一起,进而形成一起一落依次铲土、装土,也可以将其称为双联单铲。当地面的起伏较小时,可以采用两个铲斗串成同一时间起落,同一时间铲土,并且同一时间起斗开行,亦可称之为双联双铲。双联单铲可以将工作效率提升20％～30％,双联双铲可以将工作效率提升60％。双联铲运法较为适用于松软的土质,多用于大面积场地的平整以及筑堤等工程的施工当中。

5)挂大斗铲运

在土质较为松软的地区,可以改挂大型的铲土斗,有利于拖拉机的牵引力的提升,进而能够提升工作效率。

1.3.3 单斗挖土机施工

1.3.3.1 单斗挖土机的种类

在土方工程中,单斗挖土机的应用范围比较广,种类也比较多样,只要对工作装置进行更换可以满足多种工作的需要。基于其工作装置的不同,可以将单斗挖土机划分为正铲、反铲、拉铲以及抓铲等多种类型。基于其操纵机构的不同,可以将单斗挖土机划分为机械式和液压式两大类(见图 1-17)。

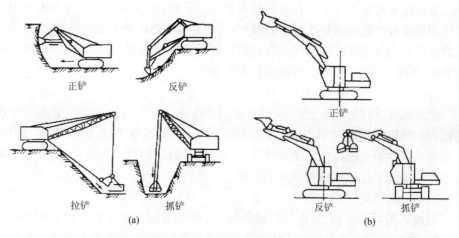

图 1-17 单斗挖土机

(a)机械式 (b)液压式

1.3.3.2 正铲挖土机施工

就正铲挖土机而言,其前进向上,强制切土,具有较大的挖掘力,生产效率较高。通常情况下而言,正铲挖土机用于对停机面以上的一至四类土的挖掘工作,例如,对于大型干燥基坑以及土丘等的开挖,则需要借助运土自卸汽车的配合才能够保证挖运工作的顺利完成。当地下水位处于较高位置时,应该采取一定的措施降低地下水位,将基坑土疏干。

就挖土机的生产效率而言,其主要有以下影响因素,即每斗的装土量和每斗作业的循环延续时间。出于有效提升挖土机生产效率的目的,需要使工作面高度必须满足装满土斗的要求,除此之外,还需要对开挖方式和运土机械配合问题进行考量,从而尽可能地减少回转角度,使每个循环的延续时间有效的缩短。

1.3.3.3　反铲挖土机施工

就反铲挖土机而言,其适合对于一至三类的砂土或黏土进行挖掘。其最大的挖掘深度可以达到 $4\sim6\text{m}$,效率高的挖掘深度可以达到 $1.5\sim3\text{m}$。多用于挖掘停机面以下深度不大的基坑(槽)或管沟及含水量大的土,还适用于对地下水位较高处的挖掘。其所挖的土方可以卸在基坑(槽)、管沟的两边,也可以配备自卸汽车运走。就反铲挖掘机来看,其挖土具有自身的特点,即"后退向下,强制切土"。

1.3.3.4　拉铲挖土机施工

就拉铲挖土机而言,其工作装置简单,可以直接由起重机改装而得到。就其特点来看,主要表现为:铲斗悬挂在钢丝绳下而无刚性的斗柄。鉴于拉铲支杆比较长,所以铲斗能够利用自身重力切入土中,其开挖的深度以及宽度都比较大,较为适用于挖沟槽、基坑以及地下室,还可以用来对水下和沼泽地带的土进行挖掘。

1.3.3.5　抓铲挖土机施工

就抓铲挖土机而言,其土斗具有活瓣,其是用钢丝绳悬挂在支杆上的。抓铲挖掘机只能用于开挖一类、二类土,就其挖土特点来看,主要是"直上直下,自重切土",抓铲挖土机的挖掘能力比较低。

1.4 土方填筑与压实

1.4.1 土方填筑的要求

在填土时,土料应该符合设计的要求,进而使得填方的强度和稳定性得到有效的保障,一般情况下来说,在对土料进行选择时,应该选择那些强度高、压缩性小、水稳定性好的土料。当没有其他设计要求时,土料应该符合以下规定:

(1)在选择表层下的填料时,可以选择碎石类土、砂土以及爆破石碴(粒径≤每层铺土厚度的 2/3)。

(2)在选择各层填料时,可以选择含水量符合压实要求的黏性土。

(3)在选择填料的时候,一般情况下不会选择淤泥和淤泥质土,但是需要注意的是,在软土地区,当淤泥和淤泥质土经过处理含水量符合要求之后,可用作填方中的次要部分。

当有些土的有机物含量大于 8% 或者是水溶性硫酸盐含量大于 5% 时,是不可以作为填土使用的,此外,耕植土、冻土以及杂填土等也不可以作为填土使用,但是,在无压实要求的情况下,填方是不受限制的。

1.4.2 填土压实方法

就填土压实方法而言,其主要包括碾压、夯实、振动压实以及利用运土工具压实等。当填土工程面积较大时,大多情况下采取碾压以及借助于运土工具压实。当填土工程面积较小时,则可以借助于夯实机具来压实。

1.4.2.1 碾压法

所谓碾压法,指的是借助于机械滚轮的压力来对于土壤进行压实,进而使其达到施工所需的密实程度,这种方法较为适用于大面积的填土工程。就碾压机械来看,主要包括平碾(压路机)、羊足碾以及气胎碾。就平碾而言,其既适用于砂土的压实,也是用黏性土的压实;就羊足碾而言,其所需的牵引力较大,仅适用于黏性土的压实,如果在砂土当中使用羊足碾,由于土颗粒受到"羊足"的单位压力较大,会造成土颗粒向四周的移动,进而在一定程度上破坏土的结构;就气胎碾而言,其在作业时是弹性体,压力较为均匀,具有较好的填土质量。除此之外,在碾压的施工过程当中,还可以利用运土机械来完成,这也是较为经济合理的压实方案,在施工的过程当中,要尽可能地保证运土机械行驶路线在填土面积上的均匀分布,并且使重复行驶达到一定的遍数,进而使其满足填土压实质量的要求。碾压机械在对填方进行压实时,平碾的行驶速度通常情况下控制在 2km/h,羊足碾的行驶速度通常情况下控制在 3km/h,不宜过快,否则会对压实效果产生一定的影响。

1.4.2.2　夯实法

所谓夯实法,指的就是借助于夯锤自由下落的冲击力来对土壤进行夯实,通常适用于小面积的回填土作业或者在作业面受限的环境下作业。就夯实法而言,主要包括两种,即人工夯实和机械夯实。在人工夯实的过程中,所采用的工具主要包括木夯、石夯等;在机械夯实的过程中,常用的机械包括夯锤、内燃夯土机、蛙式打夯机和利用挖土机或起重机装上夯板后的夯土机等,其中,蛙式打夯机因其构造简单、小巧灵便,较为广泛地应用于小型土方工程当中(见图 1-18)。

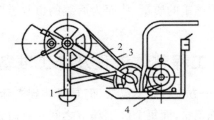

图 1-18　蛙式打夯机

1—夯头　2—夯架　3—三角胶带　4—底盘

1.4.2.3　振动压实法

所谓振动压实法,指的就是把振动压实机置于土层表面,利用振动设备使土颗粒基于振动力的作用而发生相对位移达到密实的效果。该方法在振实非黏性土时应用较多。在这一过程当中,所采用的机械主要包括平板振动器、振动压路机。在碾压的过程当中使用振动压路机,可以使土受到振动和碾压两种作用力,其具有较高的碾压效率,多应用于大面积填土压实作用当中。

1.5 市政道路土方工程施工案例

1.5.1 概述

作为市政道路施工的一个极为重要的构成部分,土方工程在一些大型道路的规划工程当中,所占的整体工程量较之其他工程更为巨大,正是因为如此,在规划以及开展土方工程时,要保证其有效性。就一般的市政道路工程而言,土方工程的特点主要表现在以下几个方面:①工期紧,开挖、回填土方量大;②土方主要为弃方,且需要挖土机挖土、自卸汽车运土;③回填土方量大,且压实度高,通常情况下需要达到 90%;④土方开挖、回填、运输的施工相互交叉,工程测量较为复杂,具有较大难度。基于上述特点,需要保证施工措施的多层面性、系统性以及有效性,进而有效地保障土方工程施工的质量,从而为后续的市政道路工程的施工打下坚实的基础。

1.5.2 土方工程整体流程及施工准备

就施工程序而言,土方工程并不复杂,但是具体到实际的施工工程当中,每一个环节都具有较大的施工量,而每个施工环节之间具有较强的紧促性。正是因为如此,在土方工程的施工过程当中,需要从整体规划处着手,重视每一个环节的细节施工,进而从根本上保障施工的质量。

1.5.2.1 土方工程整体流程

就施工顺序而言,整体土方工程施工流程如图 1-19 所示,包括施工准备、施工测量、取土场地选择、土方开挖、土方运输等环节。从图 1-19 可以看出,该施工流程并不复杂,采取的是单一的流线形式,在施工操作上较为简单。但是,正是因为采取的是这种流线形的施工流程,所以,就每个环节而言,其施工的要求都比较高。

在施工过程当中,土方工程的目的以及意义就是要保证场地的平整。所谓场地平整,指的就是借助于人工或者是机械的挖填对即将进行施工范围内的自然地面进行平整,将其改造为设计所需要的平面,进而有助于现场平面布置以及文明施工。在场地平整的过程当中,需要对多方面的要求进行考量,主要包括总体规划、生产施工工艺、交通运输以及场地排水等,而这也恰恰是对整体土方工程提出的施工原则以及施工要求。

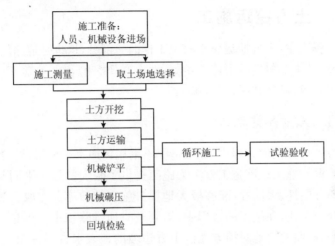

图 1-19　市政道路土方工程施工流程

1.5.2.2　土方工程施工准备工作

在土方工程施工的过程当中,其前提与基础是准备工作,其对于后续的相关工作意义重大。就准备阶段的工作而言,其内容主要涉及以下几方面:

1)地质勘查

就地质勘查而言,其对于土方开挖等工程极具指导意义,借助于地质勘查,可以有效地对场地地形、地貌以及周围环境进行了解。借助于地质勘查情况,对施工方案进行确定,对于施工总平面布置图和基坑土方开挖图进行绘制,对开挖路线、顺序、范围、底面标高、边坡坡度、排水沟等位置以及挖去土方的堆放地点进行确定,并且提出需要的施工机具、劳动力、推广新技术计划。

2)施工测量

施工测量主要为了确定土方开挖的范围。借助于施工测量可以对施工控制网进行有效的布设,对于轴线进行精确地控制,与此同时,负责对沉降观测点进行埋设,并且按照规程定期观测,对施工区域原始地形图以及竣工图进行测绘。这对整体土方工程都具有极强的参考价值。

3)其他准备工作

除了以上两点之外,在施工之前,还需要充分地准备好人员机械配置、图纸等施工资料。

1.5.3　土方挖运施工

在土方工程当中,土方挖运属于取土工作的一部分,这也是道路施工当中的第一个核心环节,其主要包括两个施工步骤,即土方开挖和运输,在施工当中,应该遵循相关的施工要求,做到文明、安全施工。

1.5.3.1　土方开挖施工

在对土方进行开挖的过程中,通常情况下采用场地水平分层,沿着场地平面长度方向分部挖掘法施工。该施工方法为施工提供了较大的施工平面空间,能够保障土方施工的分层性、多向性,能够极大地提升施工的效率。在取土过程当中,可以采用机械开挖方式,在施工的过程中,需要及时地排除积水。正是因为如此,需要修建截水沟,进而有效地对挖方地段上方边坡的地表水进行排除。对整体土方进行开挖时,需要自上而下分层进行施工。鉴于每个地质层的条件的差异性,需要有区别的对软弱土与坚硬岩石进行施工。就软土层而言,可以借助挖掘机械直接进行施工作业,但是就坚硬岩石而言就需要先利用破碎器使岩石层破碎、松动之后再进行开挖。需要注意的是,在取土的过程当中,要在道路两侧预先留出 30cm 左右边坡,进而保证土方开挖的稳定性。

在土方的开挖过程当中,需要注意以下几个方面的问题:第一,对杂物彻底的进行清理。在道路工程施工的过程当中,需要彻底的清理所有的杂物,比如树木、生活垃圾、腐殖质等,进而使开挖土方的质量得到保证,究其原因在于这些土方极有可能会被用在其他工程的施工上面;第二,在土方开挖的过程当中,要避免一次开挖到底,需要依据施工的相关要求分层进行开挖,并且,在每层土方上面必须设置一定的坡度,以使土方开挖之后边坡的稳定性得到保证;第三,当挖掘机挖掘的土方与工程设计要求相符合时,可以将土方直接装入自卸汽车,运输到填筑的施工现场。

1.5.3.2　土方运输施工

较之于土方开挖,土方运输的环节会显得简单一些,只要能够保证运输机械的充足就可以了。在土方的运输过程当中,需要注意以下几个方面的问题:第一,土方运输必须遵循城市道路建设有关的三体物料运输的相关规定,并且在运输车辆的选择上要做到适宜,进而能够在运输过程当中有效避免土料的撒漏;第二,在土方的运输过程当中,需要提前进行良好的交通规划,进而有效减弱因土方运输对正常交通运输造成的影响。正是因为如此,在实际的操作过程当中,运输道路应该采用现有的主要道路,借助于现场附近的现有道路进入施工现场,在运输过程当中尽量避免穿越居民密集区域,如果必须要经过时,需要做好各项措施,以保证安全、文明以及环保,进而有效地保障施工的顺利进行。

1.5.3.3　土方挖运施工质量保证措施

在土方挖运的过程当中,需要注意很多的施工细节,这些施工细节往往对施工的质量起着决定性的作用。就施工技术层面而言,要想使土方挖运环节的质量得到保证,在具体的施工过程当中,就需要着重注重以下几方面的施工细节:

第一,开挖的深度必须与相关要求相符合。在取土的过程当中,由于挖土是由机械进行的,基于此,就极易导致取土深度超过规划要求。要想解决这一问题,就需要在测量时就准确地进行定位,在开挖的过程当中,需要严格地按照分层开挖的要求进行,并且当接近开挖标高时,需要人工进行开挖,进而确保开挖深度能够符合施工要求。

第二,对于施工的机械严格地进行选择。不同的地层条件有着不同的开挖机械与之相适应,就软弱土层来说,因其与地质岩层存在着一定的差异性,在对其进行开挖的过程当中务必要在符合各种相关要求的前提下进行施工,对开挖方式以及开挖顺序慎重地进行选择,进而有效地避免因路基深部基层受到扰动带来的一系列的安全隐患。

第三,开挖与土方的填筑工程是相辅相成的,假如在不能够及时地进行填筑时,一定要将回填土与弃土分开堆放,不能将其混淆,要对弃土区适度地进行平整。就堆土区而言,通常情况下要将其设置在基坑边线 20m 以外,进而有效地保障现场交通和基坑边坡的稳定性。

第四,在开挖的过程当中,如果所开挖的土是松填土或者是有机土等,那么在填方的过程当中不能够直接对其进行应用,需要对其进行置换,此外,还需要做好积水的排除工作,以使工作面的干燥性得以保证。

1.5.4　回填土方施工

在市政道路工程当中,其第一个重要环节就是土方挖运,而最终的道路工程施工,换言之,也就是回填土施工也是在这一环节基础上进行的。回填土方施工有其存在的必要性,其目的是为了使地基的稳定性得以保证。就某种程度而言,回填土方施工的质量会在很大程度上对市政道路的稳定性以及其使用周期产生影响。鉴于回填土方施工工程具有较强的针对性,下面论述的道路土方回填工程施工是基于一般情况而言的。

1.5.4.1 填筑施工环节

在回填土方施工当中,填筑是其首要进行的环节,就其具体的使用过程而言,主要包括 3 个环节(见图 1-20):

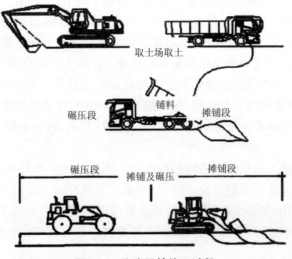

图 1-20 土方回填施工过程

1)土料铺填运输

通常情况下而言,都是借助于大型自卸汽车(型号一般为 10t 以上)来完成土料的运输,将回填料运输到填筑工作面,在卸土的时候需要保证一定的间距,进而有助于施工便利性的保证。

2)土料的摊铺

在施工的过程当中,所选用的摊铺机械一般是 74kW 推土机平土。但是需要注意的是,在整个的摊铺过程当中,不能完完全全地借助于机械施工,必要时还需要一定的人工辅助施工。此外,在整个摊铺过程当中,要及时地对树根等杂物进行清理,以确保土料的质量。

3)土层厚度的测量控制

在完成了土料的摊铺之后,要对于摊铺土层的水分和厚度进行测定,进而依据土质的干湿度有针对性地进行洒水或者是翻晒处理,在雨后对新料进行填筑时可以适当地减薄铺料的厚度,与此同时,还需要对表面的浮土进行清理。

此外,在进行填料铺筑的过程当中,基于土层的差异性,要有针对性的采取不同的施工方法。如果施工路段的地质条件并不是很好的时候,其所取土深度较深,那么在对其进行填料铺筑的时候,其所需的土料厚度也比较厚,基于此,在铺筑的过程当中,需要借助水平分层填筑法进行施工,在填筑的时候,可以按照横断面全宽从最低处逐层向上水平进行。在作业的过程当中,推土机在铲满土料之后,推送至填筑面,卸完土之后沿斜线倒退,向一侧移位,依照相同的方法可对相邻土料进行推送。而有些施工路段,土料的铺筑厚度比较小,诸如深度控制在 3cm 以内的,可以直接从堤顶卸于坡面,再借助推土机将所卸土料推至工作面并铺平就可以了。

1.5.4.2　土方碾压施工环节

在完成铺筑环节的施工之后,紧接着就需要进行碾压施工环节,进而保证整体道路基底的稳定。在碾压的过程当中,对整体道路进行碾压而言,可以借助于 15t 及以上型号的重型振动压力机进行分段分区骑缝碾压。就一般的市政道路而言,其分段长度一般控制在 100m 左右,在碾压时要遵循先两侧后中间的原则,并且在行走时要遵循平行于道路轴向方向。在具体的施工细节方面,有一部分是机械碾压不到的,应当采用人工的方式借助于蛙式夯实机进行夯实,而对于一些管道位置,在整个施工过程当中必须运用机械碾压以及人工修正相结合的方法,进而有效地确保碾压效果。

1.5.4.3　回填土方施工质量保证措施

除了上述常规的技术施工以外,依据回填土方施工的相关要求,还可以开展一系列的施工保障措施,以对整体土方工程的施工质量进行保证。就整个质量保证措施而言,其主要包括 3 个环节,即事前控制、事中控制以及事后控制,无论哪一个环节,对施工细节的质量保证都是至关重要的。

就事前控制而言,其内容主要是对原材料的质量进行保证。在尚未投料的时候就需要对土料进行碾压试验,进而对土料的含水量进行有效地控制,并且一定要控制极小粒径(<5mm)的土料。就事中控制而言,其内容主要针对碾压施工工艺及施工环节的各个参数而进行的。例如,临时坡面在低高程部位填筑时,每填一层

用反铲或推土机将坡面松散体推至待填面上，都需要和新填料一起碾压。借助于事中控制可以为施工质量提供有效的保障，进而确保土方基础的稳定性。就事后控制而言，其内容主要是对碾压完成之后的工程进行抽样检查。例如在碾压完各区段后，按要求取样频率挖坑取样检测，只有确定合格之后才可以进行下一层的填筑。借助于这种方式能够有效地减少施工当中各个环节间的误差，进而使工程的整体质量得到保证。

第 2 章　地基与基础工程施工技术与管理研究

在建筑工程施工中,处于建筑物的最下端,埋入地下并直接作用于土层上的承重构件称为基础。它是建筑物的重要组成部分。地基是支撑在基础下面的土层。尽管它不属于建筑物的组成部分,但它决定了建筑物所能承受的最大荷载量,因此也具有十分重要的意义。本章主要探究地基处理及加固技术、浅基础施工、桩基础工程,以及灌注桩施工工程案例。

2.1　地基处理及加固技术

2.1.1　地基处理及加固概述

当软土地基无法满足承载力或稳定要求时,就需要对地基进行加固。加固的方法大致上可以分为两类:一类是如夯实法、换填法、挤密桩法、振动水冲法、砂石桩法等,其原理是减小或减少土体里的孔隙,使土颗粒尽可能靠拢,以减少压缩性,提高强度;另一类是如灌浆法、旋喷法、深层水泥搅拌法等,其原理是用各种胶结剂把土颗粒胶结在一起。

虽然软土的加固方法有很多,而且还在不断发展,但是每种方法都有一定的适用范围和自身的局限性,因此必须通过技术经济综合考虑,才可以选择具体的加固方法。在选择地基处理方法前,应该搜集详细的工程地质、水文地质和地基基础设计资料;根据工程的设计要求和采用天然地基存在的主要问题,确定地基处理的目的、处理范围和处理后要求达到的各项技术经济指标;结合工程情况,了解本地区地基处理经验和施工条件以及其他地区相似场地上同类工程的地基处理经验和使用情况等。

地基处理方法的确定宜按下列步骤进行:

（1）依据结构类型、荷载情况以及使用要求，结合地形地貌、地层结构、地下水特征、土质条件、环境情况及对附近建筑的影响等因素，先初步拟定几种可供考虑的地基处理方案。

（2）对初步拟定的各种地基处理方案，可以对它们进行如适用范围、加固原理、材料来源及消耗、预期处理效果、机具条件、施工进度以及对环境的影响等方面的技术经济分析和对比，选取最佳的地基处理方案，必要时还可以选择两种或多种地基处理措施组成的综合处理方法。

（3）对已经选定的地基处理方法，应该按建筑物安全等级和场地复杂程度，选择一块具有代表性的场地，在其上进行相应的现场试验或试验性施工，根据测试结果来检验设计参数和处理效果，若不符合或达不到设计要求时，要尽快查找原因采取相关措施或修改设计。

2.1.2 换填法

当建筑物的地基比较软弱、不能满足上部荷载对地基强度和变形的要求时，就需要更改方法，采用换填法。具体实践中可以分为以下几种情况：

（1）挖。挖去表面的软土层，把基础埋放在承载力较大的基岩或坚硬的土层里，这种方法适用于软土层薄、上部结构荷载量小的情况。

（2）填。当软土层不是很薄，且需要大面积的加固处理时，可以在原有的软土层上直接回填一定厚度的好土或砂石、矿石等。

（3）换。就是把挖与填相结合，即换土垫层法，施工时先把基础下一定范围里的软土挖去，而用人工填筑的垫层作为持力层，按其回填材料的不同可以分为砂垫层、碎石垫层、素土垫层、灰土垫层等。

换填法适用于淤泥、淤泥质土、膨胀土、冻涨土、素填土、杂填土及暗沟、暗塘、古井、古墓或拆除旧基础后的坑穴等的地基处理。

换土垫层的处理深度应该根据建筑物的要求，由基坑开挖的可能性等因素综合考虑并决定，多用于上部荷载较小，基础埋深不厚的多层民用建筑的地基处理工程中，开挖深度≤3m。

2.1.2.1 砂和砂石地基（垫层）

砂和砂石地基（垫层）是采用级配良好、质地坚硬的中粗砂、碎石和卵石等，经过分层夯实，作为基础的持力层，用来提高基础下地基强度，降低地基的压应力，减少沉降量，加速软土层的排水固结作用。

砂石垫层应用广泛，施工工艺简单，无论是使用机械还是人工都能使地基密实,工期短、造价低;适用于 3m 以内的软弱、透水性强的黏性土地基,不适合用于加固湿陷性黄土和不透水的粘黏土地基。

1)材料要求

砂石垫层材料,适宜采用级配良好、质地坚硬的中砂、粗砂、石屑和碎石、卵石等,含泥量不得超过 5%,不能含有植物残体、垃圾等杂质。如果是用作排水固结地基,含泥量不得超过 3%;在中、粗砂缺乏的地区里,如果用细沙或石屑,则不容易被压实,强度也不高,因此在用作换填材料时,应掺入粒径≤50mm,不少于总重30% 的碎石或卵石并拌和均匀。

如果回填在碾压、夯、振地基上时,其最大粒径≤80mm。

2)施工技术要点

(1)在铺设垫层前先验槽,把基底表面上的浮土、淤泥、杂物等清理干净,两侧应有一定坡度,以防止振捣时有塌方情况的出现。基坑(槽)内若发现有沟、孔洞和墓穴等,应该把它们填实后再做垫层。

(2)垫层底面标高不同时,土面要挖成斜坡或阶梯状,且按先深后浅的顺序施工,搭接处要夯实,分层铺实时接头也要做成斜坡或阶梯搭接,每层错开 0.5～1m,且注意充分捣实。

(3)人工级配的砂石材料,施工前应充分拌匀,再铺夯压实。

(4)砂石垫层压实机械应先选用振动碾和振动压实机,但要依照具体的施工方法和施工地点确认压实效果、分层填铺厚度、压实次数、最优含水量等情况。若没有试验材料,砂石垫层的每层填铺厚度和压实变数如表 2-1 所示。分层厚度可以采用样桩控制。施工时,下层的密实度经过检验合格后,才可以进行上层施工。通常,垫层的厚度一般是 200～300mm。

表 2-1　砂和砂石垫层每层铺筑厚度及最优含水量

振捣方式	每层铺筑厚度/mm	施工时最优含水量/%	施工说明	备　注
平振法	200～250	15～20	用平板式振捣器往复振捣	不宜用于细纱或含泥量较大的砂所铺筑的砂垫层
插振法	振捣器插入深度	饱和	①插入式振捣器; ②插入间距可根据机械振幅大小决定; ③不应插入下卧黏性土层; ④插入式振捣器插入完毕后所留的孔洞,应用砂填实	

续表

振捣方式	每层铺筑厚度/mm	施工时最优含水量/%	施工说明	备　注
水撼法	250	饱和	①注水高度应超过每次铺筑面； ②钢叉摇撼捣实，插入点间距为100mm，钢叉分四齿，齿的间距800mm，长300mm，木柄长90mm，重40N	湿陷性黄土、膨胀土地区不得使用
夯实法	150～200	8～12	①用木夯或机械夯； ②木夯重400N，落距400～500mm一夯压半夯，全面夯实	
碾压法	250～350	8～12	60～100KN压路机往复碾压	①适用于大面积砂垫层； ②不宜用于水位以下的砂垫层

（5）砂石垫层的材料可以根据施工方法的不同来对最优含水量进行控制。最优含水量的确定应依据工地试验的结果，当然参考表2-1也不失为一种选择。至于矿渣在夯实前一定要进行充分洒水，湿透后才能进行夯压。

（6）当地下水高出基础地面时，可以采用排、降水等措施，同时要注意边坡的稳定，防止塌土混进砂石垫层中影响质量。

（7）当采用水撼法施工或插振法施工时，在基槽两侧应设置样桩，控制铺砂的厚度，每层为250mm。铺砂后，灌水与砂面齐平，把振动棒插入振捣，依次振实，结束的标准是不再有气泡冒出。垫层接头要重复振捣，插入式振动棒振完后所残留的孔洞要用砂进行填实。在振动首层垫层时，不应把振动棒插入原土层或基槽边部，防止软土混进砂垫层从而降低砂垫层的强度。

（8）垫层铺设完毕，应及时回填，并及时施工基础。

（9）冬季施工时，砂石材料中不得夹有冰块，并应采取措施防止砂石内水分冻结。

3)质量检验方法

(1)环刀取样法。用容积≥200cm³ 的环刀压入垫层的每层 2/3 深处取样,来测定其干密度,合格的标准是不小于通过实验所确定的该砂在中密状态下的干密度数值为准。如果是砂石地基,可在地基中设置纯砂检验点,并在相同的实验条件下,用环刀测试其干密度。

(2)贯入测定法。检验前先把垫层表面的砂刮去 30mm 左右,之后用贯入仪、钢筋或钢叉等以贯入度大小来定性检验砂垫层的质量,用不大于通过相关试验所确定的贯入度作为合格的标准。钢筋贯入法所用到的钢筋的直径 ϕ20,长 1.25m,垂直距离砂垫层表面 700mm 处自由下落,测其贯入深度。

2.1.2.2　土垫层

灰土垫层就是把基础底面以下一定范围内的软弱土挖去,再把按一定体积配合比的灰土在最优含水量的情况下分层回填夯实(或压实)。

灰土垫层的材料是石灰和土,其比例一般是 3:7 或 2:8(石灰:土)。灰土垫层的强度会随着用灰量的增加而加强,但当用灰量超出一定值时,其强度不仅不会增强反而还会减弱。

灰土地基施工工艺简单,费用低,是一种应用广泛、经济、实用的地基加固方法。适用于加固处理 1~3m 厚的软弱土层。

1)材料要求

(1)土料。土料可以采用就地基坑(槽)挖出来的黏性土或塑性指数大于 4 的粉土,但要过筛,其直径不得超过 15mm,土里所含有机含量不超过 5%。块状的黏土和粉土、淤泥、耕植土、冻土都不适宜使用。

(2)石灰。使用可达到国家三等石灰标准的生石灰,使用前要把生石灰消解 3~4d 并过筛,其粒径不大于 5mm。

2)施工技术要点

(1)铺设垫层时应提前验槽,基坑(槽)里如果发现有孔洞、沟和墓穴等,先把它们进行填实后再做垫层。

(2)灰土在施工前要进行充分的搅拌,控制含水量,通常最优含水量为 16% 左右,如果水分不足或过多时,应洒水湿润或晾干。在现场可根据经验直接判断,其方法是手握灰土成团,两指轻捏即碎,此时即可判断灰土以达到最优含水量。

(3)灰土垫层应选用平碾和羊足碾、轻型夯实机及压路机,分层填铺夯实。每层虚铺厚度如表 2-2 所示。

表 2-2　灰土最大虚铺厚度

夯实机具种类	重量/T	虚铺厚度/mm	备　注
石夯、木夯	0.04～0.08	200～250	人力送夯,落距 400～500mm,一夯压半夯,夯实后约 80～100mm
轻型夯实机械	0.12～0.4	200～250	蛙式打夯机、柴油打夯机,夯实后约 100～150mm 厚
压路机	6～10	200～300	双轮

(4)分段施工时,不应该在墙角、柱基以及承重窗间墙下接缝,上下两层的接缝距离应大于或等于 500mm,接缝处要夯压密实。

(5)灰土当日就应该铺填夯压,入坑(槽)的灰土不能隔日夯打,如果刚铺筑完或还没有夯实的灰土遇到雨淋浸泡时,应及时把积水和松软灰土挖去并填补夯实,受浸泡的灰土,要晾干后再夯打密实。

(6)垫层施工完毕后,要及时修建基础并回填基坑,或者做临时遮盖,防止日晒雨淋,需要注意的是,夯实后的灰土不得在 30d 内受水浸泡。

(7)冬季施工,必须要在基层不冻的状态下进行,土料要进行覆盖保温,不能使用带有冻土和冰块的土料,施工完的垫层也要用塑料或草袋进行保温。

3)施工质量检验

适宜用环刀取样来测定其干密度、检测施工质量。质量标准可根据按压实系数无 λ_c 鉴定,一般为 0.93～0.95。

$$\lambda_c = \frac{r_d}{r_{d\max}}$$

式中,r_d ——实际施工达到的干密度;

$r_{d\max}$ ——室内击实试验得到的最大干密度。

如果使用贯入仪来检查灰土质量,首先要在现场进行试验,来确定贯入度的具体要求。如果没有设计要求,则可根据表 2-3 进行取值。

表 2-3　灰土质量要求

土料种类	灰土最小密度/(t/m³)
粉土	1.55
粉质黏土	1.50
黏土	1.45

2.1.3　振冲密实法

振冲密实法实际上就是利用振动和压力水使砂层液化,砂粒相互挤密,重新排列,孔隙减少,提高了地基的承载力和抗液化能力,所以又名为振冲挤密砂桩法。

2.1.3.1　适用范围

振冲密实法宜用于处理沙土和粉土等地基,不加填料的振冲密实法只适用于处理含粒量小于 10% 的粗砂、中砂地基。

2.1.3.2　构造及材料

1)处理范围

应大于建筑物基础范围,在建筑物基础外缘每边放宽不得小于 5m。

2)振冲深度

当可液化的土层不是很厚时,振冲深度要穿透整个可液化土层;当可液化的土层比较厚时,振冲深度要按照要求的抗震处理深度确定。

3)振冲点布置和间距

振冲点可按等边三角形或正方形进行布置,至于间距的范围要根据土的颗粒组成、要求达到的密实度、地下水位、振冲器功率、水量等有关,通过现场试验确定,一般取 1.8~2.5m。

4)填料

填料一般是碎石、卵石、角砾、圆砾、砾砂、粗砂、中砂等硬质材料。每一个振冲点所需要的填料量要随地基土要求达到的密实程度和振冲点间距而定,这应通过现场试验确定。

2.1.3.3　机具设备

1)振冲器

振冲器是由中空轴立式潜水电动机直接带动偏心块振动的短柱状机具,是利用电动机转动通过弹性联轴器带动振动机体中的中空轴,转动偏心块,产生一定频率和振幅的水平振动力。水管从电动机上部进入,穿过两根中空轴至端部进行射水和供水。振冲器的构造如图 2-1 所示。功率 30kW 的振冲器最为常用;在既有建筑物邻近施工时,宜用功率较小的振冲器。

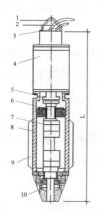

图 2-1　振冲器构造

1—吊具　2、10—水管　3—电缆　4—电机　5—联轴器　6—轴
7—偏心块　8—壳体　9—翅片

2)配套设备

升降振冲器的机具常采用履带式或轮胎式起重机,也可采用自行井架式施工平台或其他合适的机具设备。

图 2-2 为自行井架式专用施工平台。

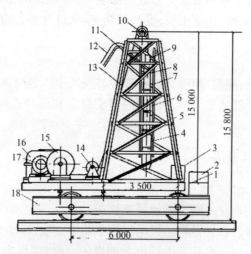

图 2-2　自行井架式专用施工平台

1—小车　2—底盘行车机构　3—小车行走机构　4—振冲器　5—橡胶减速器　6—导向管　7—导向柱
8—导向轮　9—动滑轮　10—定滑轮组　11—水管　12—电缆　13—井架　14—定滑轮　15—卷筒
16—减速器　17—电动机　18—底盘

振冲水要有一定程度的水压力,其中水泵出口水压为 400～600kPa,流量 20～30m³h,每一台振冲器都会备用一台水泵。至于其他的配套设施包括:控制电流操作台、150A 电流表、500V 电压表以及供水管道、加料设备(吊斗或翻斗车)等。

2.1.3.4　施工工艺和施工顺序

加填料的振冲密实法施工可按照下列步骤进行:

(1)清理平整场地、布置振冲点。

(2)施工机具到位,在振冲点上安放钢护筒,使振冲器对准护筒轴心。

(3)起动水泵和振冲器,使振冲器徐徐沉入砂层,水压可用 400～600kPa,水量可用 200～400L/min,下沉速率宜控制在约 1～2m/min 范围内。

(4)振冲器达到设计处理深度后,把水压和水量降到孔口有一定量回水,但无大量细颗粒带出的程度,把填料堆于护筒周围。

(5)在振冲器振动下填料依靠自重沿护筒周壁下沉至孔底,在电流升高到规定的控制值后,将振冲器上提 0.3～0.5m。

(6)重复上一步骤,直到完成全孔处理,详细记录各深度的最终电流值、填料量等。

(7)关闭振冲器和水泵。

不加填料的振冲密实法与加填料的实施工方法大致相同。使振冲器沉至设计处理深度,留振至电流稳定地大于规定值后,把振冲器上提 0.3～0.5m。依照这种操作反复进行,直到完成全孔处理。在中粗砂层中施工时,如果出现振冲器不能贯入的情况时,可以增加辅助水管,加快下沉速率。振冲密实法施工工艺如图 2-3 所示。

振冲密实法的施工顺序宜沿平行直线逐点进行。

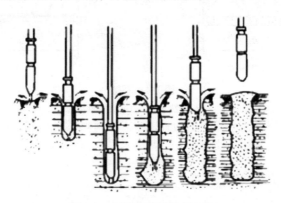

图 2-3　振冲密实法施工工艺

2.2 浅基础施工

2.2.1 浅基础的类型

以受力状态的不同为分类依据,可将浅基础分为刚性基础和柔性基础两种。其中刚性基础指的是用抗压极限强度比较大而抗剪、抗拉极限强度较小的材料所建造的基础,如图 2-4(a)所示。刚性基础的构成材料主要为混凝土、毛石混凝土以及毛石和砖等,主要承受压力,不配置受力钢筋,基础宽与高的比[见图 2-4(a)中的 b_1/h_1、b_2/h_2、b_3/h_3]或刚性角 α 有一定限制,即基础的挑出部分(每级的宽高比)不能太大。柔性基础指的是抗压、抗剪、抗拉极限强度都较大的材料所建造的基础,如图 2-4(b)所示。柔性基础的构成材料主要是钢筋混凝土,需要配置受力钢筋,且基础的宽度不受宽高比的限制。条形基础(主要指墙下条基)和独立基础(常用于混合结构的砖墩及钢筋混凝土柱基)是建筑基础常用的两种基础,且多选用刚性基础。

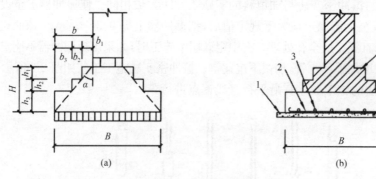

(a) (b)

图 2-4 基础

(a)刚性基础 (b)柔性基础

1—垫层 2—受力钢筋 3—分布钢筋 4—基础砌体的扩大部分 5—底板

α—刚性角 B—基础宽度 H—基础高度

2.2.2 砖基础施工

在砖基础施工过程中,最为常见的基础是墙下或柱下钢筋混凝土条形基础。

在具体的施工过程中,柱下基础的地面形状多数情况是矩形的,人们将这一基础称为独立基础,它是条形基础特殊形式的一种(见图 2-5、图 2-6)。作为砖基础施工的常用基础之一,条形基础的优势表现为良好的抗弯和抗剪性能,在遇到竖向载荷较大和地基承载力不高的情况时,可选择使用条形基础。之所以选择条形基础,是因为其高度是不受台阶宽高比的限制,比较适合用于"宽基浅埋"的状况,其横断面的形状一般呈倒 T 型。

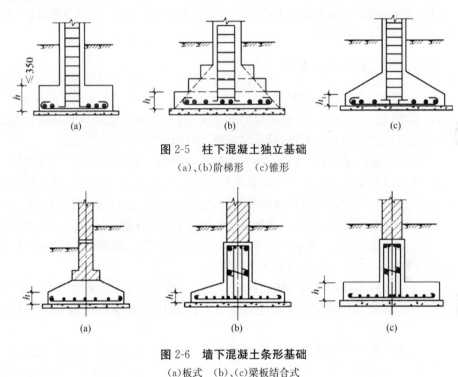

图 2-5　柱下混凝土独立基础
(a)、(b)阶梯形　(c)锥形

图 2-6　墙下混凝土条形基础
(a)板式　(b)、(c)梁板结合式

2.2.2.1　构造要求

砖基础施工的构造要求具体如下:

(1)垫层的厚度为 100mm,混凝土强度等级为 C10,基础混凝土的强度等级不宜低于 C15。

(2)底板受力钢筋的最小直径不宜小于 8mm,其间距不宜大于 200mm。当有垫层时,钢筋保护层的厚度不宜小于 35mm,无垫层时钢筋保护层的厚度不宜小于 70mm。

（3）插筋的具体数目与直径取决于柱内受力的钢筋数量。插筋的锚固及柱的纵向受力钢筋的搭接长度，按国家现行设计规范的规定执行。

2.2.2.2 工艺流程

基槽清理、验槽→混凝土垫层浇筑、养护→抄平、放线→基础底板钢筋绑扎、支模板→相关专业施工（如避雷接地施工）→钢筋、模板质量检查，清理→基础混凝土浇筑→混凝土养护→拆模。

2.2.2.3 施工注意要点

在具体的施工过程中，需要注意以下几点：

（1）基槽（坑）应进行验槽，挖去局部软弱土层，并用灰土或沙砾对其进行分层回填，再将其夯实至与基底相平，最后将基槽（坑）内清除干净。

（2）如果地基的土质良好，且无地下水基槽（坑）时，可利用原槽（坑）浇筑第一阶，但在浇筑过程中应当保证尺寸的正确性和砂浆的不流失。浇筑上部台阶时则应使用支模浇筑，要注意模板支撑的牢固性，堵严缝隙的孔洞，用水将其湿润。

（3）在浇筑基础混凝土时，其高度在 2m 以内，可将混凝土直接卸入基槽（坑）内，且要充满其边边角角；当浇筑高度在 2m 以上时，为防止混凝土产生离析分层，应选择使用漏斗、串筒或溜槽的方式进行浇筑。

（4）浇筑台阶式基础时应当按照台阶的分层一次浇筑完成。在浇筑过程中，应先浇筑边角，再浇筑中间，要注意避免上下台阶交接处混凝土出现蜂窝和脱空现象。

（5）在进行锥形基础浇筑时，如果斜坡较陡，应进行支模浇筑，并防止模板出现上浮现象；如果斜坡较平，可不用支模浇筑，浇筑过程中要注意斜坡及边角部位混凝土的捣固密实，振捣完后，再用人工将斜坡表面修正、拍平、拍实。

（6）当基槽（坑）因土质不一挖成阶梯形式时，先从最低处浇筑，按每阶高度，其各边搭接长度不应小于 500mm。

（7）混凝土浇筑完后，外露部分应适当覆盖，洒水养护；拆模后，及时分层回填土方并夯实。

2.2.3 钢筋混凝土独立基础施工

以结构形式为分类依据，钢筋混凝土的独立基础可分为现浇柱锥形基础、现浇柱阶梯形基础、预制柱杯口基础 3 种(见图 2-7)。

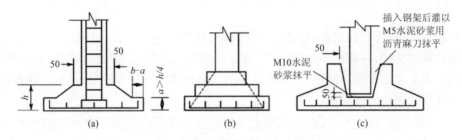

图 2-7　钢筋混凝土独立基础结构形式

(a)现浇柱锥形基础　(b)现浇柱阶梯形基础　(c)预制柱杯口基础

2.2.3.1　现浇柱基础施工

在进行混凝土浇筑之前应当先验槽,轴线、基坑尺寸和土质应符合设计规定;应将坑内的浮土、积水和淤泥等杂物清除干净;挖去局部如软弱土层,用灰土或砂砾进行回填并夯实。在基坑验槽后应马上进行垫层混凝土的浇筑,目的在于保护地基;用表面振动器对混凝土进行振捣,并实现混凝土表面的平整;当垫层达到一定强度之后,可在其上弹线、支模、铺放钢筋网片;为确保钢筋位置的正确性,可用与混凝土保护层相同厚度的水泥砂浆对底部进行垫塞。

在基础混凝土浇灌前,应当将模板和钢筋上的垃圾、泥土和油污等清除干净;堵严模板之间的缝隙和空洞;用水将木模板的表面浸湿,但不能出现积水。对锥形基础进行混凝土浇筑时,应当注意锥体的斜面坡度,为防止模板出现上浮变形现象,斜面部分的板应当随着混凝土浇捣分段支设并顶紧,要注意捣实边角处的混凝土。

在进行基础混凝土浇筑时,应当选用分层连续浇筑的方法。就阶梯形基础而言,对其进行分层时,适合的厚度是一个台阶的高度,为使得混凝土获得初步沉实,每浇完一层台阶应停 $0.5\sim1h$,然后再进行上层的浇筑活动。每一台阶浇完,表面应基本抹平。

当基础上有插筋时,为防止浇捣混凝土的过程中发生位移现象,应按照设计的位置对其加以固定;在基础混凝土浇灌完成之后,应在其上覆盖草帘并浇水对其进行养护。

2.2.3.2 预制柱杯口基础施工

(1)杯口模板可在木模板和钢定型模板两种之间进行选择,可做成整体的,也可做成两部分的,并在中间加一块楔形板。拆模时应先取出楔形板,再取出两片杯口模。为了更加方便地拆模,可在杯口模的外面包裹上一层薄铁皮,支模时要固定牢固并压紧杯口的模板。

(2)以台阶分层的方式进行混凝土浇筑。为避免杯口模板在浇筑过程中被挤向一侧,加之杯口模板只在上端固定,在浇捣混凝土时应当在四周对称均匀进行。

(3)杯口基础一般会在杯底留有 50mm 厚的细石混凝土找平层,在进行基础混凝土浇灌时应当注意留出这一空间。在基础浇捣工作完成后,应用倒链将杯口模板在混凝土初凝后和终凝前取出,并将杯口内侧表面混凝土凿毛。

(4)浇灌高杯口基础混凝土时,可选择后安装杯口模板的方式进行,原因是最上一层的台阶较高,不方便施工。

2.2.3.3 片筏式钢筋混凝土基础施工

片筏式混凝土基础的外形、构造与倒置的混凝土楼盖具有一定的相似性,其构成要素包括底板和梁等整体构件,可分为平板式和梁板式两种(见图 2-8)。

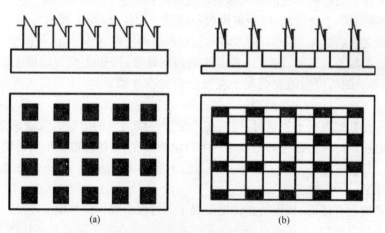

图 2-8 片阀式钢筋混凝土基础结构

(a)平板式 (b)梁板式

在浇筑片筏基础前,应当对基坑进行清扫,并支设模板、铺设钢筋。用水将木模板润湿,并将隔离剂涂在钢模板的表面。

混凝土的浇筑方向应当与次梁的长度方向呈平行关系,平板式片筏基础的浇筑方向则应与基础的长边方向呈平行关系。混凝土的浇筑应当一次性完成,如果不能一次性完成整体浇灌,应当留设垂直施工缝,并用木板将其挡住。

当与次梁长度方向相平行进行混凝土浇筑时,应当在次梁中部1/3的跨度范围内留设施工缝;平板式基础的施工缝则可以留设在任意位置,但前提是要与底板的短边方向平行。对于高出底板部分的梁应选择分层浇筑的方式,且每层浇筑的厚度不宜超过200mm;当底板或梁上有立柱时,混凝土应浇筑到柱脚顶面,并留设水平施工缝,同时预埋连接立柱的钢筋。在继续浇筑混凝土之前,应当先处理施工缝,处理水平施工缝的方法和处理垂直施工缝的方法是一样的。

混凝土浇灌完成后,要在其表面覆盖草帘并进行洒水养护,且养护的时间不少于一周。当混凝土基础达到设计强度的25%以上时,可将梁的侧模拆除;当混凝土基础达到设计强度的30%时,可进行基坑回填。基坑回填应当在其四周同时进行,且以排水方向为基准进行由高到低的分层回填。

2.3　桩基础工程

2.3.1　桩基础的适用性与特点

桩基础是深基础主要形式的一种,其优点是可以选择深处承载力大的土层来承受上部荷载,同时也可以利用桩周壁的摩阻力来共同承受上部荷载,因此自身的承载力较高,变形小,稳定性好,抗拔力较好,在不同类型的建筑中使用较为广泛。

与天然地基上的浅基础相比而言,包括桩基础在内的深基础就要具备至少3个特点:一是施工特点,即深基础应当使用特定的施工手段和机械,并将基础结构放入深部的较好地层中;二是传力特点,即由于深基础的入土深度(如桩长 l)和基础结构宽度(如桩径 d)都比较大,便决定了在判断深基础的承载力时,不仅不能忽略基础侧面的摩阻支承力,且这一力量反而有可能会发挥重要作用;三是位于浅基础下的地基可能会出现不同的破坏模式,而深基础下的地基则只有剪切这一种破坏。

2.3.2 桩基础的类型

2.3.2.1 按桩的承载性状分类

身处竖向荷载作用下的桩,承载其顶部荷载的是桩端的端阻力和桩与桩侧岩土间的侧阻力。桩侧和桩端阻力的大小以及它们分担荷载的比例取决于 3 个要素,分别是桩侧、桩端岩土的物理力学性质、桩的尺寸以及桩的施工工艺。以此为依据,可将桩基础分为以下两种:

1)摩擦型桩

(1)摩擦桩。即在竖向极限荷载作用下,承担桩顶荷载的是桩侧阻力,桩端的阻力小到可以忽略不计的桩。

(2)端承摩擦桩。即在竖向极限荷载作用下,承担桩顶荷载的是桩侧阻力和桩端阻力,但其中其主要作用的是桩侧阻力的桩。

2)端承型桩

(1)端承桩。即在竖向极限荷载作用下,承载桩顶荷载的是桩端阻力,桩侧阻力小到可以忽略不计的桩。

(2)摩擦端承桩。即在竖向极限荷载作用下,承担桩顶荷载的是桩侧阻力和桩端阻力,但其中起主要作用的是桩端阻力的桩。

2.3.2.2 按施工方法分类

以施工方法为分类依据,可将桩基础分为预制桩和灌注桩两种。

1)预制桩

这里所说的预制桩主要是指钢筋混凝土预制桩,具体分为钢筋混凝土预制桩和预应力钢筋混凝土预制桩两种。

就普通混凝土预制桩而言,其截面形状、尺度、长度等按照自己的需要在一定范围内进行选择,其截面形状也各有不同,常见的有方形和圆形两种,实心方桩的边长多为 250~550mm。就现场预制桩而言,其长度一般为 25~30m 以内,适合在工厂预制,并需要对其进行高温蒸汽养护。经过高温蒸汽养护之后,达到设计强度的桩需要放置一个月左右才可以使用。

以上大截面实心桩的自身重量较大,起吊、运输、吊立和沉桩等各阶段的应力控制对其配筋数量具有决定性作用,由此也使得其需要较大数量的钢筋。

就预应力钢筋混凝土桩而言,对桩身的主筋施加预拉应力之后,会施加于混凝土之上,从而使起吊时桩身的抗弯能力和冲击沉桩时的抗拉能力得以提升,达到改善抗裂性能和减轻自重的目的,也可以在一定程度上减少钢筋的使用量。

制作以上桩的方法最常用的有两种,分别是离心成型法和先张法。

2)灌注桩

所谓的灌注桩,指的是直接在所设计的桩位处成孔,并在其中放入钢筋笼(不放也可),然后将混凝土灌入其中所制成的桩。与预制钢筋混凝土桩相比而言,灌制桩具有以下优势:

(1)以使用期内桩身内力的大小为配筋依据,可选择配筋或不配筋,达到节约钢材的目的。

(2)按照桩的实际长度进行混凝土灌注,省去了接桩和切桩的环节,达到节省原材料和较少工作量的目的。

(3)灌注桩的制作过程中一般没有打桩而产生的振动和噪音,也就不会对周围已建成的建筑物带来安全隐患。

(4)灌注桩过程中嵌入岩层的为桩径或桩底,可在一定程度上提高桩的承载力。

(5)灌注桩一般在施工现场进行灌注,从而省去了中间的运输问题,即使是在交通不便的场地也不会受到运输问题的影响。

灌注桩的成型环境一般为地下较为隐蔽的地方,因此,施工时的成桩质量对于灌注桩承载力的大小具有决定性作用。基于此,如果是较为重要的建筑物,对现场质量进行检测是很有必要的一项工作。

2.3.2.3　按桩的使用功能分类

以桩的使用功能为分类依据,桩基础可以分为以下几种:

1)竖向抗压桩

竖向抗压桩也可称之为抗压桩,主要是指承受上部结构竖向下压荷载(垂直荷载)的桩,多见于一般工业和民用建筑物。

2)竖向抗拔桩

竖向抗拔桩也可称之为抗拔桩,主要是指承受竖向拉拔荷载的桩,例如板桩墙后的锚桩。

3)水平受荷桩

水平受荷桩主要是指承受水平荷载的桩,例如港口码头工程所用的板桩。

4)复合受荷桩

复合受荷桩主要是指承受竖向和水平向荷载均较大的桩,例如高耸建筑物的桩基础。

2.3.3　桩基础施工

2.3.3.1　预制桩施工

预制桩的施工地点为混凝土构件厂和施工现场,当混凝土强度达到设计强度的 100％时便可以进行运输和打桩。预制桩的制作工艺较为简单,且质量容易有保证,其不足之处就是用钢量较大,因此造价也相对较高。预制桩施工的常用方法有 3 种,分别是静力压桩、锤击沉桩、振动沉桩。

1)静力压桩

所谓的静力压桩主要是利用压桩机的静压力(自重和配重)在软土基上将预制桩压入土中的方法,是一种较为常用的沉桩方法之一。

(1)静力压桩的特点。具体而言,静力压桩的特点主要表现为以下 4 点:首先,施工过程中不会产生噪音,也没有震动,因此对周围环境的影响较小,适合于城市施工。其次,精力沉桩与锤击沉桩两者相比而言,前者具有成本低和节省材料的优势,而后者在施工过程中,桩体因为锤击产生了较大的锤击应力。再加上桩本身的长度又比较长,使得施工过程中不得不提高桩的混凝土等级(一般用 C30 或 C40),并加大其配筋量。与锤击沉桩相比,静力压桩过程中不存在锤击力,也可以采用分段预制的方式进行,最后将拼接好的桩压入土中,从而降低了桩的混凝土强度等级(一般为 C20),相应地截面尺寸和配筋量也会减少。有统计显示,与锤击沉桩相比,静力压桩的方式可节省约 26％的混凝土,节省约 47％的钢筋,并节省约 26％的造价成本。再次,静力压桩过程中不需要承受锤击力,只受静压力的影响,从而避免了由于桩顶破碎和桩身断裂而出现的安全事故,在一定程度上保障了桩的施工质量。最后,在静力压桩过程中可以对单个桩所需要承受的承载力进行预估。压桩的阻力与桩的承载力两者之间是一种线性关系,由此便决定了在施工过程中不用做试桩就可以得出单桩的承载力,为桩基设计和施工带来了很大的方便。

(2)静力压桩的机械设备。静力压桩常用的机械设备有两种,一种是机械静力压桩机,一种是液压静力压桩机。液压静力压桩机的构成主要包括压桩夹头、夹持千斤顶、主液压千斤顶、机架、行走机构及压重等部分,其优势体现为可以纵、横两个方向行走及回转,移动方便,压桩速度快。

(3)静力压桩的施工工艺。静力压桩的施工工艺主要涵盖 10 个方面,分别是场地清理和处理、测量桩位、桩机就位、吊桩插桩、桩身对中调直、静力压桩、接桩、终止压桩、桩头处理。

第一,场地清理和处理,即清除位于施工区域内地上和地下的障碍物,并将场地清理平整和压实。这一工作流程的主要目的是方便运输车辆和压桩机的行走与施工。

第二,测量桩位。即以施工图纸为依据进行测量和放线,具体方法为由整体到局部,也就是先放建筑物角点桩,再利用角点桩放主轴线,利用主轴线再放其他轴线,最后放出每个桩位。在桩位中心要做一个明显的标记,可以利用小木桩或钢筋代表这一标记。例如在软弱场地进行施工时,要在机械就位后进行重新测定或者对桩位加以复核,原因在于桩位标志可能会在桩机的行走过程中被挤走。

第三,桩机就位。即利用行走装置完成桩机的就位工作,这一工作流程的构成要件包括桩机的横向行走、桩机的纵向行走以及桩机的回转机构。

第四,吊桩插桩。即利用起重机或汽车将桩运至压桩机附近,然后借助于压桩机身设计的起重机将桩吊入夹持器中,最后进行对位插桩。

第五,桩身对中调直。即通过液压步履式压桩机的横向行走油缸和纵向行走油缸,将桩尖对准桩位,并同时开动夹持油缸和压桩油缸,将桩压紧并压入土中 1m 左右后即可停止,然后对桩的垂直度进行检查和调整,决定压桩质量的关键因素是第一节桩是否垂直。

第六,静力压桩。压桩这一工作流程应当是连续进行的,中间不应有过长的间歇。在压桩过程中,应当随时记录桩的入土深度和压力表读数的关系,从而准确判断桩的质量。当压力表出现突然上升或突然下降的情况时,应当对其加以仔细的分析,从而判断是否在压桩过程中遇到了障碍或者是否出现了断桩现象。

第七,接桩。如果桩较长时,接桩是必不可少的,即将几节桩连接成一根桩。接桩应在前一节桩压至桩顶离地面 0.5~1m 时进行。为保证接桩的质量,应当尽可能地缩短接桩时间,同时也要注意因桩身与土体固结而为压桩增加难度。接桩的方法有 3 种,分别是焊接法、法兰螺栓连接法和硫磺浆锚法,焊接法是目前较为常用的接桩方法。利用焊接法进行接桩时,应当注意对准下节桩,如果节点间出现间隙,应当用铁片将其垫实焊牢。进行焊接前应当除去节点部位预埋件和铁角的锈迹和污垢,并时刻保持清洁。焊接时应首先将四角点焊固定,在对其位置的正确与否进行检查以后,为减少焊接过程中出现的变形现象,要由两位焊工对角同时施焊,焊缝要连续饱满,焊缝的宽度和厚度应当符合设计要求。

第八,终止压桩。对于纯摩擦桩而言,其终压时的控制条件为设计的桩长;对于长度大于 21m 的端承摩擦桩而言,其终压时的控制条件是以设计桩长为主,以终压力值为辅;对于设计承载力较高的桩而言,其终压力值应当尽量接近压桩机的满载值;对于 14~21m 的静压桩而言,其终压时的控制条件为终压力达到满载值;对于桩周土质较差且设计承载力较高的桩而言,其复压的次数在 1~2 次为最佳;对于长度小于 14m 的桩,则应当对其进行连续且多次的复压。

第九,桩头处理。当桩顶设计标高低于地面或桩顶接近地面而压桩力尚未达到规定值时,应当选择送桩器进行送桩;当桩顶高出地面而压桩力已达到规定值时,则应当及时截桩,目的是为了方便后续的压桩和桩机就位。

2)锤击沉桩

所谓的锤击沉桩就是平时人们所说的打桩,指的是利用打桩机桩锤的冲击动能将桩打入土中的方法。打桩机的装置主要包括桩锤、桩架和动力装置。在混凝土预制柱过程中,最为常用的施工方法就是锤击沉桩,其优势为施工速度快、机械化程度高、适用范围广,且施工现场的文明程度较高,但缺点是在施工过程中会产生噪声污染和振动,因此在市中心和夜间施工时会受到一定的限制。

(1)锤击沉桩的施工工艺。锤击沉桩的施工工艺与静力压桩的施工工艺流程大致相同,其不同之处主要为桩机设备和沉桩方法。锤击沉桩的施工工艺具体为:场地清理和处理→测量桩位→桩机就位→定锤吊桩→桩身对中调直→锤击沉桩→接桩→再锤击压桩→终止压桩。

(2)确定打桩顺序。在锤击沉桩过程中,打桩之前首先应当做的是确定合理的打桩顺序。在确定打桩顺序时,应当考虑两方面因素,分别是打桩时土体的挤压位移对桩基施工质量的影响和对邻近建筑物的影响。此外,在打密集群桩时,土体的竖向位移和水平位移量都很大,地面上隆起高者可达 400~500mm。水平位移因桩的打设方向不同而不同,主要沿打设方向的一边,水平位移的影响距离可达 50~60m。由此可见,如果打桩的顺序出现了错误,则有可能导致已经打入的桩因受挤而上举,从而使得因桩尖脱离设计标高导致其承载能力的降低和沉降量的增大,也有可能导致后打的桩因土挤紧打入困难,使得桩的入土深度较小,达不到设计标高,严重的会出使桩身出现断裂。同时,因挤土的水平位移较大,且对附近建筑物的影响也较大,所以在打桩前确定正确的打桩顺序是很有必要且十分重要的。

以桩的密集程度为依据,常见的打桩顺序有以下 3 种(见图 2-9),分别是由一侧向单一方向进行(亦称逐排打设)、自中间向四周进行、自中间向两个方向对称进行(分段打设)。

　　例如,对于较为密集的桩群而言(即桩距小于 4 倍桩径)时,当打桩现场位于三面有建筑物,一面是开阔地段时,正确的打桩顺序是自建筑物的一侧向开阔地段方向逐排打设,如图 2-9(a)所示。为避免土体朝同一方向挤压,应当逐排改变打桩的推进方向,必要的时候可以采用同一排桩间隔跳打的方式,从而减少土体挤压对沉桩施工质量的影响。对于邻近四周都有建筑物时,应当采用自中间向四周打桩方式,如图 2-9(b)所示,也可以采用向两个方向呈对称施打的方式,如图 2-9(c)所示。这一打桩顺序可以使土由中间向四周或两侧挤压,并对邻近建筑物的影响减少到最小,同时发挥保证施工质量的作用。如果桩距大于 4 倍桩径,这时挤土的影响则相对较低。

　　以基础设计标高为依据,应采取先深后浅的打桩顺序;以桩的规格为依据,应采取先大后小、先长后短的打桩顺序。

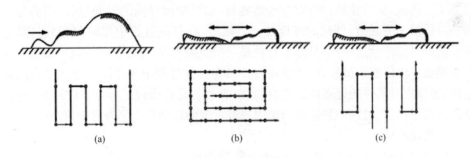

图 2-9　几种打桩顺序

(a)由一侧向单一方向进行(逐排打设)　(b)自中间向四周进行

(c)自中间向两个方向对称进行(分段打设)

　　(3)打桩施工。打桩施工的具体内容如下:

　　第一,桩的提升就位。即将桩运到桩架下,并利用桩架的滑轮组将桩提升吊起至垂直状态,然后将桩送入桩架的龙门导杆内,使得桩尖对准桩位。桩顶上应当垫有桩垫,并安有桩帽,加上桩锤,使得三者位于同一中心上,再将桩锤缓慢落至桩帽上,在自重和锤重的双重作用下,桩会沉入土中一定深度,经再次检查无误后方可开始打桩。

　　第二,打桩。在开始打桩时,落距不宜过大,入土一定深度待桩稳定后再按要求的落距施打。常用的打桩方式有两种,一种是"轻锤高击",一种是"重锤低击",两种方法所做的功是一样的。其中,前一种方法所得的动量较小,但因为桩锤对桩头的冲击力较大,因此其回弹也相对较大,锤击能量很大部分消耗在桩锤回弹上,故桩不易打入土中,且桩头容易打碎;而后一种方法则刚好与之相反,其所得的动量较大,但因桩锤对桩头的冲击较小,由此使得其回弹也相对较小,大部分能量都被用来克服桩身与土的摩阻力和桩尖的阻力,便使得桩既可以很快地被打入土中,且桩头也相对不宜被破坏。最适合锤击沉桩时使用的打桩方法为第二种,即"重锤低击"。

就施工的实践经验而言,一般情况下,用落锤或单动气锤打桩时,桩锤的落距最大不宜超过 1m;用柴油锤时,则应使锤跳动正常(一般不大于 1.5m)。

第三,打桩的注意事项。首先,应当注意桩锤的回弹情况。正常情况下桩锤的回弹较小,如果发现桩锤经常出现回弹较大,桩下沉量小的现象时,则说明桩锤太轻,这时应当更换桩锤;其次,应当注意桩的贯入度是否有突变现象。在打桩过程中,如果发现桩的贯入度骤减,桩锤回弹增大,这时应当减小落距锤击,如果情况依旧没有好转,则说明桩下有障碍物的存在,这时应当对其加以研究处理,而不能盲目施工。再次,应当注意打桩时应连续施打,如果中间停歇的时间过长,则会导致因桩身周围土的凝结,打桩的难度加大。然后,在打桩过程中要时刻做好打桩记录。之所以要注意这一点,是因为打桩是一项隐蔽工程,做好打桩记录可以为工程质量验收提供依据。最后,应当注意打桩机在打桩过程中工作的情况和工作的稳定性,要经常对机件的运转情况进行检查,查看其是否出现了异常,还要检查绳索是否出现了损伤、桩锤的悬挂是否牢固以及桩架的移动固定是否安全等。

3)振动沉桩

振动沉桩的原理是以固定于桩头上的振动箱所产生的振动力为力量来源,从而使得桩与土壤之间的颗粒性减少,实现桩在自重与机械力的作用下沉入土中。

振动沉桩这一方法所适用的土壤类型有砂土、砂质黏土和亚黏土层,其中,效果最好的是含水的砂层,在砂砾层中使用这一方法时应当配合水冲法。

振动沉桩有其自身的优势和不足,其优势主要表现为设备构造简单、使用方便、较高的效能、较少的动力消耗以及较少的附属机设备;其不足之处则主要表现为较为狭窄的适用范围,在黏性土以及土层中夹有孤石的情况下使用这一方法是极其不恰当的。

2.3.3.2 灌注桩施工

灌注桩的特点众多,如不受地层变化的限制,不需要接桩和截桩,节约钢材、振动小、噪声小等,尽管如此,其缺点也十分明显,如施工工艺复杂,影响质量的因素众多。灌注桩根据成孔方法可以分为钻孔灌注桩、人工挖孔灌注桩、湿作业机械成孔灌注桩、套管成孔灌注桩等。

1)钻孔灌注桩施工

钻孔灌注桩就是指利用钻孔机械把桩孔钻出来,并在桩孔里浇灌混凝土(或者先在孔中吊放钢筋笼)而成的桩。

钻孔灌注桩又可分为干作业成孔和泥浆护壁成孔两种方法,其分类依据是钻孔机械的钻头是否在土壤的含水层中施工。在此仅阐述干作业成孔灌注法。

干作业成孔灌注法是用钻机在桩位上成孔,在孔中吊放钢筋笼,再浇筑混凝土的成桩工艺。

干作业成孔适用于地下水位以上的各种软硬土层,施工过程中不需要设置护壁就可以直接钻孔取土形成桩孔。目前最常用的钻孔机械是螺旋钻机。

(1)螺旋钻成孔灌注桩施工工艺。螺旋钻机是利用动力旋转钻杆,钻杆带动钻头上的螺旋叶片旋转切削土层,土渣沿螺旋叶片上升排出孔外。螺旋钻机成孔直径一般为 300～600mm 左右,钻孔深度 8～12m。

钻杆根据叶片螺距的不同,分为密螺纹叶片和疏螺纹叶片。其中密螺纹叶片较适合可塑或硬塑黏土或含水量较小的砂土,钻进时的速度缓慢却均匀;疏螺纹叶片适用于含水量大的软塑土层,由于钻杆在相同钻速下,疏螺纹叶片比密螺纹叶片向上推进快,所以钻进速度也比密螺纹叶片快。

螺旋钻成孔灌注桩施工流程如下:钻机就位→钻孔→检查成孔质量→孔底清理→盖好孔口盖板→移桩机至下一桩位→移走盖口板→复测桩孔深度及垂直度→安放钢筋笼→放混凝土串筒→浇灌混凝土→插桩顶钢筋。

钻进时要求钻杆垂直,钻孔过程中如果遇到钻杆摇晃或进钻困难的情况时,可能是遇到石块等硬物,要立即停车检查,进行处理,以免损伤钻具或导致桩孔偏斜。施工过程中,一旦发现钻孔偏斜,应提起钻头上下反复扫钻数次,把硬土削去,如果还是没有效果,就应该在孔中回填黏土至偏孔处以上 0.5m,之后再重新钻进。一旦成孔时发生了坍塌,这时应该钻至塌孔处以下 1～2m 处,再用低强度等级的混凝土填至塌孔以上 1m 左右,混凝土初凝后再继续下钻至设计深度,当然也能够使用 3:7 的灰土替代混凝土。

钻孔达到要求的深度后,就可以进行孔底土清理,也就是钻到设计的钻深后,必须在深处空转清土,之后停止转动,提钻杆,不得回转钻杆。

提钻后要检查成孔的质量,需要用测绳(锤)或手提灯测量孔深垂直度和虚土厚度。测量深度与钻孔深的差值等于虚土厚度,一般虚土厚度不超过 100mm。如果清孔时,有少量浮土泥浆较难清除的话,可以投入 25～60mm 后的卵石或碎石插捣,来挤密土体。或者用夯锤夯击孔底虚土或者用压力在孔底灌入泥浆,这些都可以减少桩的沉降和提高其承载力。

钻孔完成后要尽快吊放钢筋笼并浇筑混凝土。混凝土应该分层浇筑,每层高度不得大于 1.5m,混凝土的坍落度在一般黏性土中为 50～70mm,砂类土中为 70～90mm。

(2)螺旋钻孔压浆成桩法施工工艺。螺旋钻孔压浆成桩法是基于螺旋钻孔灌注桩所发展起来的一种新工艺。其工艺原理是,用螺旋钻杆钻到预定的深度后,通过钻杆芯管底部的喷嘴,由孔底自下而上向孔内高压喷射以水泥浆为主剂的浆液,使液面升至地下水位或无塌孔危险的位置以上。提起钻杆后,在孔内安放钢筋笼且在孔口通过漏斗投放骨料。最后再由孔底向上多次高压补浆即可。

它的施工特点是连续一次成孔,多次自下而上高压注浆成桩,具有无噪声、无振动、无排污的优点,同时还能在流沙、卵石、地下水、易塌孔等复杂地质条件下顺利成桩,并且因为其扩散渗透的水泥浆而大大提高了桩体质量,使得其承载力是一般灌注桩的 1.5～2 倍,在国内很多工程中都得到了成功应用。

它的施工顺序(见图 2-10)如下:①钻机就位;②钻至设计深度空钻清底;③一次压浆,把配置好的水泥浆自下而上一边提钻一边压浆;④提钻。压浆到塌孔地层以上 500mm 后提出钻杆;⑤下钢筋笼。将塑料压浆管固定在制作好的钢筋笼上,使用钻机的吊装设备吊起钢筋笼对准孔位,下到设计标高,固定钢筋笼;⑥下碎石。碎石通过孔口漏斗倒入孔内,再用铁棍捣实;⑦二次补浆。与第一次压浆的间隔不得超过 45min,利用固定在钢筋笼上的塑料管进行第二次的压浆,压浆完了以后立即拔管洗净备用。

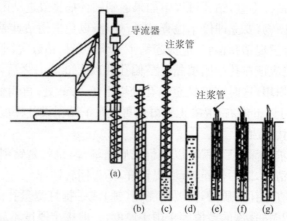

图 2-10 螺旋钻孔压浆成桩施工顺序

(a)钻机就位 (b)钻进 (c)一次压浆 (d)提出钻杆 (e)下钢筋笼 (f)下碎石 (g)二次补浆

2)人工挖孔灌注桩施工

人工挖孔灌注桩是运用人工挖掘方法成孔,之后放置钢筋笼,浇筑混凝土形成桩基础。该施工特点包括设备简单;施工速度快,可按照施工进度要求决定同时开挖桩孔的数量,必要时各桩孔可以同时施工;无噪音、无振动、不污染环境,对施工现场附近建筑物的影响较小;土层情况明确,可以直接对地质变化进行观察,桩底沉渣能清理干净,施工质量十分可靠。

特别是当高层建筑选择大直径的灌注桩,且施工现场又在狭窄的市区时,所以采用人工挖孔要比机械挖孔更具有强大的适应性。但其缺点也十分明显,如人工耗量大、开挖效率低、安全操作条件差等。

施工时,为了保证挖土成孔施工的安全性,必须考虑防孔壁坍塌和流沙现象发生时的措施。因此,施工前要根据地质水文资料,拟定出合理的护壁措施和降排水方案,如现浇混凝土护壁、沉井护壁、喷射混凝土护壁等护壁方法。

(1)现浇混凝土护壁。现浇混凝土护壁法施工就是分段开挖、分段浇筑混凝土护壁,不仅可以防止孔壁坍塌,还可以起到防水作用。现浇混凝土护壁施工工艺流程如图 2-11 所示。

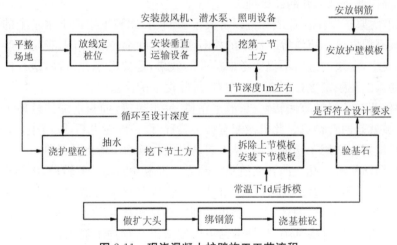

图 2-11　现浇混凝土护壁施工工艺流程

桩孔采用分段开挖,根据土壁直立状态的能力来决定每段的高度,一般 0.5~1m 是一施工段,开挖井孔直径为设计桩径加混凝土护壁厚度。

护壁施工段,也就是支设护壁内模板(工具式活动钢模板)后浇筑混凝土,模板的高度是由开挖土方施工段的高度决定的,通常是 1m,是由 4~8 块活动钢模板组合而成,支成有锥度的内模。内模支设后,吊放用角钢和钢板制成的两半圆形合成的操作平台入桩孔内,置于内模板顶部,用来放置料具和浇筑混凝土。混凝土的强度大部分都不低于 C15,浇筑混凝土时要注意振捣密实。

当护壁混凝土的强度达到 1MPa(常温下约为 24h)即可拆除模板,开挖下段的土方,再支模浇筑护壁混凝土,如此反复循环,直到挖到设计要求的深度。

当桩孔挖到设计的深度,且检查孔底土质已达到设计要求后,就可以再在孔底挖成扩大头。等桩孔全部成型后,用潜水泵抽出孔底的积水,之后立即浇筑混凝土。当混凝土浇筑到钢筋笼的地面设计标高时,再吊入钢筋笼就位,并继续浇筑桩身混凝土,形成桩基。

(2)沉井护壁。沉井护壁法适用于桩径较大,挖掘深度大,地质复杂,土质差(松软),地下水位高的挖孔施工。

沉井护壁施工程序是先在桩位上制作钢筋混凝土井筒,井筒下捣制钢筋混凝土刃脚,之后在筒内挖土掏空,井筒依靠自身的重力或附加其上的荷载来克服筒壁与土体之间所产生的摩擦阻力,一边挖一边沉,使其垂直地下沉到设计要求的深度。

3)湿作业机械成孔灌注桩施工

采取泥浆护壁湿作业成孔可以解决很多问题,如施工中地下水带来的孔壁塌落,钻具磨损发热和沉渣等。泥浆的相对密度、含砂量、黏度、pH、稳定性等要符合规定的要求,泥浆的选料不仅要考虑护壁的效果,还要考虑经济性,最好使用当地材料,注入的泥浆密度控制在 1:1 左右,排除泥浆的比重宜为 1.2~1.4。

湿作业成孔机械有回转钻机、潜水钻机、冲击机等,而目前灌注桩施工使用最多的机械就是回转钻机。此机械配有移动装置,设备性能可靠,噪声小,振动小,效率高,质量好。适用于松散土层、黏土层、砂砾层、软岩层等地质条件。

(1)回转钻机成孔。回转钻机是由动力装置带动回转装置转动,由钻头切削土壤,形成土渣,再通过泥浆循环排除桩孔。根据泥浆循环方式的不同,把回转钻机分为正循环和反循环,图 2-12(a)是正循环回转钻机成孔的工艺示意图,泥浆有钻杆内部注入,从钻杆底部喷出,携带钻下的土渣沿孔壁向上流动,并由孔口把土渣带出流入沉淀池,经过沉淀的泥浆流进泥浆池后再注入钻杆,如此反复循环,当孔深不太深,孔径小于 80mm 时钻进效率较高。

图 2-12(b)为反循环回转钻机成孔,由图可知泥浆由钻杆与孔壁间的环状间隙流入钻孔,钻杆在泥浆泵的作用下,其内部会出现真空,从而使得钻下的土渣由钻杆内腔吸到地面,然后再流向沉淀池,经过沉淀以后,流经泥浆池最后到达钻孔。

反循环工艺流程的优势是泥浆上流的速度较高,且排放土渣的能力较强,是目前直径成孔施工较为有效的工艺之一,在工程施工中的应用范围也较为广泛。反循环工艺使用于孔深大于 30m 的端承型桩。

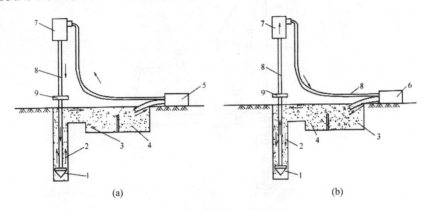

图 2-12 泥浆循环成孔工艺

(a)正循环 (b)反循环

1—钻头 2—泥浆循环方向 3—沉淀池 4—泥浆池 5—泥浆泵 6—砂石泵

7—水龙头 8—钻杆 9—钻机回转装置

在回钻机进行钻孔之前,应先将护筒埋设至桩位孔口处,其目的在于对桩孔位置加以固定、对孔口起到一定的保护作用,并防止塌孔的出现。护筒的制作材料为 4～8mm 厚的钢板,其内径比钻头直径大 100mm,埋设位置为桩位附近,就一般情况而言,护筒埋入土中的深度不宜小于 1～1.5m,特殊情况下埋设深度可适当加大。埋设护筒时,其顶面应道高出地面(水面)400～600mm,并用黏土将其周围填实,最后在其顶部开设溢浆口,溢浆口的数量在 1～2 为最宜。在钻孔过程中,护筒内泥浆液面应当时刻高于地下水位。

(2)潜水钻机成孔。潜水钻机如图 2-13 所示,是一种旋转式钻孔机械,因其动力与变速机构和钻头连接在一起,因此可以下放至孔中地下水位以下进行切削土壤成孔。潜水钻机成孔的流程是将泥浆以正、反循环工艺的方式注入其中,然后再进行护壁,并将钻下的土渣排出孔外。利用潜水钻机钻孔之前,应当预先埋设护筒,具体的施工流程与回转钻机成孔相似。

(3)冲击钻成孔。冲击钻的结构构成如图 2-14 所示,主要用于岩土层的钻孔工程。在成孔时,冲击钻会将先将冲锥式钻头提升到一定高度,再以自由下落的方式将岩层打碎,最后将孔内的渣浆用掏渣筒掏出。

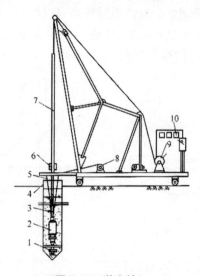

图 2-13　潜水钻机

1—钻头　2—潜水钻机　3—电缆　4—护筒　5—水管　6—滚轮支点　7—钻杆
8—电缆盘　9—卷扬机　10—控制箱

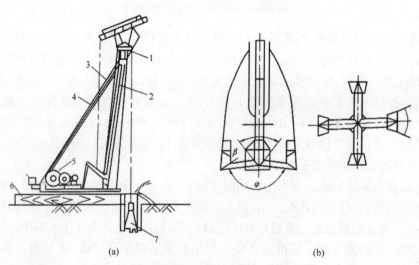

(a)　　　　　　　　　　　　　　　　　(b)

图 2-14　冲击钻机成孔

(a)冲击钻机成孔　　(b)十字形冲头

1—滑轮　2—主杆　3—拉索　4—斜撑　5—卷扬机　6—垫木　7—十字形冲头

4)套管成孔灌注桩施工

即打拔管灌注桩,主要是指利用一根与桩的设计尺寸相适应的且下端带有桩尖的钢管,利用锤击或振动的方法将其沉入土中,在其中放入钢筋笼子,然后再灌入混凝土,在灌注混凝土的过程中边灌边将钢管拔出,并利用拔管时的振动捣实混凝土。

锤击沉管过程中,可使用柴油锤将钢管打入土中,如图 2-15 所示;振动沉管过程中,则是将钢管上端与振动沉桩机刚性连接,利用振动力将钢管打入土中,如图 2-16 所示。

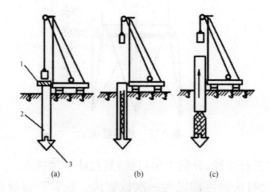

(a)　　　　　　　(b)　　　　　　　(c)

图 2-15　锤击套管成孔灌注桩

(a)钢管打入土中　(b)放入钢筋骨架　(c)随浇混凝土拔出钢管

1—桩帽　2—钢管　3—桩靴

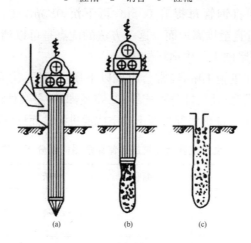

(a)　　　　　　　(b)　　　　　　　(c)

图 2-16　振动套管成孔灌注桩

(a)沉管后浇注混凝土　(b)拔管　(c)桩浇完后插入钢筋

钢管下段的构造分为两种：一种是开口，即在沉管时套上钢筋混凝土的预制桩尖，拔管时则将桩尖留在桩底土中；一种是管端带有活瓣桩尖（见图 2-17），沉管时桩尖活瓣呈合拢状态，灌注混凝土和拔管时活瓣呈打开状态。

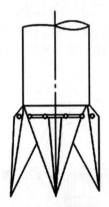

图 2-17　活瓣桩尖

拔管的方法主要有 3 种，分别为单打法、复打法和翻插法。

(1)单打法。单打法也可称之为一次拔管法。拔管时每提升 0.5～1m，振动5～10s 后，再拔管 0.5～1m，如此反复进行，直到全部拔出为止。

(2)复打法。即在同一桩孔内进行两次单打或根据要求进行局部复打。

(3)翻插法。即将钢管每提升 0.5m，再下沉 0.3m，或每提升 1m，再下沉0.5m，如此反复进行直至拔离地面。这一方法的优点是可以消除在淤泥层出现的缩径现象，缺点是在坚硬土层中损坏桩尖。

在套管成孔灌注桩施工中，经常会出现以下质量问题：①有隔层，即灌注桩混凝土中部有空隔层或泥水层、桩身不连续；②缩径，即桩身某处桩径缩减，小于设计断面；③断桩；④吊脚桩，即桩底部混凝土隔空或混进泥砂而形成松软层（见表 2-4）。

表 2-4　套管成孔灌注桩施工常见质量问题分析与防治

	隔层	缩径	断桩	吊脚柱
用动测、测锤识别	√	√	动测	√
成因	混凝土和易性差，拔管速度过快	高孔压；土太软	临桩挤压或终凝不久受外力	泥砂、水挤入桩管；桩尖打开晚

续表

	隔层	缩径	断桩	吊脚桩
预防方法	改善和易性;密振	控制拔管速度;管内混凝土高度≥2m	桩距≥4桩径;跳打法;间歇打;避免近距离外力作用	提高桩尖密封性;测锤监测并配合密振
防治	反插、复打;补桩	复打;补桩	补桩	填砂重打;反插、复打;补桩

2.4　灌注桩施工工程案例

2.4.1　某灌注桩的施工方案概述

某拟建的多层公寓二号地块,工程地址为××××××村。该工程之东为西塘中路,之北为花园路,之南为市机电公司用地。该工程建筑数量为 5 幢,楼层数为 16～24 层,为高层建筑并带有相应的附属建筑,大型的一层地下停车库一个。工程的开发公司为××房产公司,设计公司为×××设计研究院,岩土的勘察工作由××市勘测设计研究院完成,中标工期为 70d。

2.4.2　工程桩数量

工程桩数量如表 2-5 所示。

表 2-5　××钻孔灌注桩的工程数量表

编号	子项名称	桩型 φ/mm	桩长/m	桩数/根	地质资料上的成孔深度/m
1	1♯楼	800	50	296	55
		600	24	24	32
2	2♯楼	800	40	80	43

编号	子项名称	桩型 φ/mm	桩长/m	桩数/根	地质资料上的成孔深度/m
3	3#楼	800	50	244	58
		600	40	6	43.5
4	4#楼	800	40	62	37
5	5#楼	600	40	55	47.5

桩身的混凝土类型为预拌混凝土,其强度等级为 C30,坍落度为 18~20cm,混凝土灌注前孔底沉渣≤50mm,桩身混凝土加灌高度为 1.5m。

2.4.3 地貌、地基工程的地质特征

有关工程地质情况的详细报告由××勘测设计研究院提供,拟建设的工程场地复杂程度为中等复杂,地基的复杂程度为中等复杂。

2.4.4 施工准备

(1)准备必需的技术资料,制定相应的保证措施。

(2)施工中需要用到的经纬仪、水准仪等需要先送至计量局进行检验,经检验合格后才可以送达工地。

(3)进行技术交底。

(4)将现场清理干净,主要工作内容为将施工现场地下和地上的障碍物清理干净。

(5)对规划的经线进行复核,并进行桩基轴线放样与桩位布置工作,将桩基定位点、水准点引出施工影响范围外,确保基准点、水准点不受施工影响,并加以保护。

(6)配合施工总承包方的工作,将施工场地清理平整,并安排施工场地和施工材料的堆放,布置泥浆循环系统,挖好泥浆池并用砖块砌好。

(7)打试桩,全场施工前将开打的第一根工程桩作为试桩,并邀请有关部门参加(建设单位、设计、质检、监理、勘测等人员),对试桩成孔的孔径、垂直度、孔壁稳定、沉渣、岩样和嵌岩深度、充盈系数等检测,能否满足设计要求需进一步核对地质资料,检验施工工艺是否符合设计、施工规范要求,以确定工程桩施工中的有关参

数,为工程桩全面开打做好准备。

(8)编制施工劳动力安排表、施工机具及配套设备表、材料计划安排表。

(9)进行临时设施设置,引入施工用水、电。

2.4.5　技术准备

技术准备的主要工作是建设物位置的定位放线,这一工作的具体内容为:以规划部门制定的红线为基准进行定位放线,在遵循总平面图的前提下划定标准轴线,并绘制测量定位记录,做好高程引进工作。最后对坐标点进行复测和监理复查。

在测量放线时应当注意以下问题:

(1)核验标准轴线桩的位置。

(2)对照施工平面图检查建筑物各轴线尺寸。

(3)校验基准点和龙门桩高程。

(4)填写工程定位测量记录和绘制定位测量图,并在图上注明方向,测量起始点,测量顺序,测量结果,并有复测人和监理签字。

2.4.6　大口径钻孔灌注桩施工

2.4.6.1　施工工艺流程图

施工工艺流程如图 2-18 所示。

2.4.6.2　桩位放样

在进行桩位测量放线时,应当与设计所提供的桩位平面图相统一。为方便对数据进行检验和校核,应当有放线控制点夹角和距离,桩位放样用 $\phi 14$ 的钢筋全部打入至高出地面 $20\sim30\text{cm}$ 处,在其顶部涂上红漆作为标志。为保证桩位的正确性,并及时通知监理和业主对其加以复核。

2.4.6.3　护筒及其埋设

本工程所使用的护筒由厚度为 4mm 的钢板制成,在其上部留有溢浆口,并焊有吊环。每节护筒的长度为 $1.2\sim1.5\text{m}$,护筒内径大于钻头直径 100mm,埋设完毕后其平面偏差不大于 20mm。

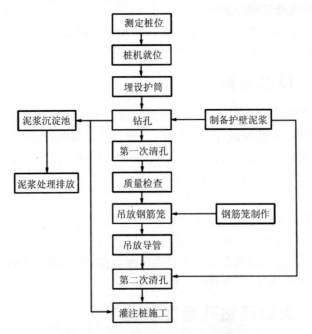

图 2-18　钻孔灌注桩的施工工艺流程

2.4.6.4　钻机移位对中

钻机就位时,必须校对桩位中心、轴线及水平位置。为确保桩机在施工中的固定性,应保证桩机就位的水平和稳固。其垂直度必须符合规范要求(≤1%)。

2.4.6.5　成孔施工要点

将钻点回转中心对准护筒中心,其偏差不大于 20mm,开动泥浆泵使泥浆循环 2～3min,然后再开动钻机,慢慢将钻头放至孔底,在护筒刃脚处低档慢速钻进,钻至刃脚下 1m 后,再根据土质情况以正常速度钻进。

钻进的速度由土质情况、孔径大小和钻孔深度所决定:①淤泥质土最大钻速不大于 1m/min,其他土层以钻机不超负荷为准;②在风化岩或其他硬土层中的钻进速度以钻机不产生跳动为准。

2.4.6.6　泥浆护壁和排渣

合理控制泥浆的稠度,并根据地层情况对泥浆的比重、黏度、含砂率的技术指标等进行测量和确定。造孔中泥浆比重应控制在 1.23～1.35,排出泥浆比重随地层条件而定(见表 2-6)。

表 2-6　泥浆技术指标

地质条件	比重/ (g/cm^3)	黏度/s	含砂量/%	胶体率/%	pH
粉土、粉质黏土	1.10～1.25	16～20	≤8～4	≥95	7～9
一般黏土	1.10～1.30	18～22	≤8～4	≥95	7～9
砂砾(卵)石基岩	1.25～1.35	20～22≤	≤8～4	≥95	7～9

废浆处理工程安排 6 辆汽车,从现场拉运废浆,按环保条例定点进行排放,并办理有关手续。

第3章 钢筋混凝土工程施工技术与管理研究

钢筋混凝土是一种复合材料,在建筑工程结构中使用广泛并且最为重要,它具有相当顽强的生命力以及材料易得、性能优异、经久耐用、施工方便的良好品质。近年来,由于不断革新的钢筋工程、模板工程、混凝土工程技术,钢筋混凝土在建筑工程中越来越广泛地被使用。本章主要探讨模板工程施工、钢筋工程施工、混凝土工程施工,混凝土工程冬期施工,以及钢筋混凝土工程施工案例。

3.1 模板工程施工

3.1.1 模板

3.1.1.1 模板的概念及基本要求

按照一定的形状将钢筋混凝土做成的模具就是模板。模板和支撑系统共同构成钢筋混凝土结构的模板。模板的形成过程是按照设计要求的位置尺寸和几何形状浇筑新拌混凝土进而使其硬化形成钢筋混凝土的结构模型,所以对模板必须要强度和刚度够大,稳定性优良,在上述荷载作用下不能发生沉陷、变形等现象,尤其不能产生破坏现象。

以下为模板系统不可或缺的条件:

(1)结构和构件的形状、尺寸以及空间位置必须准确。

(2)模板及支撑系统必须有极高的强度和刚度以及良好的整体稳定性。

(3)结构简单,装卸便利,能循环使用。

(4)模板接缝处不能漏浆。

3.1.1.2　模板的分类

按照不同的分类依据,可以分为以下几类:

按照模板的拆搭方法分类可以分为固定式、移动式和永久式 3 类。

固定式模板是不移动安装完毕后模板及支撑系统,然后开始浇筑混凝土并达到标准强度,这时模板可以移除。

移动式模板是安装完模板和支撑装置,一边浇筑混凝土一边移动位置,浇筑完全部的混凝土结构之后模板可以移除。

预制钢筋混凝土薄板、压型钢板模板等都属于永久式模板,永久式模板在浇筑混凝土并增加混凝土强度的过程中起模板作用,在浇筑完成后与结构成为一体,属于结构的一部分。

按照模板的规格形式分为定型模板和非定型模板两类。

按照结构类型不同能够分成基础模板、墙模板、柱模板、楼梯模板、梁和楼板模板等。

按照模板材料的不同能够分为木模板、钢模板、钢木模板、玻璃钢模板、塑料模板、胶合板模板等。目前,竹胶合板和钢模板应用较多。

下面仅对木模板与钢模板进行简要论述。

1)木模板

木模板只用于一些中小工程以及工程的特殊部位中,属于传统的模板,目前绝大部分的工程主要使用钢模板及竹胶板,然而部分形式的模板是在木模板的基础上改进形成的。

一般情况下,木模板及其支架系统都是在加工厂制成元件,继而现场拼装而成。图 3-1 的拼板就是木模板的元件之一。

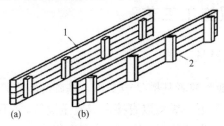

图 3-1　拼板的构造

(a)一般拼板　(b)梁侧板的拼板

1—板条　2—拼条

用拼条将规则的、厚度大约为 25～50mm 的板条拼钉起来构成拼板,为了使拼板干缩时缝隙均匀,浇水后便于密缝,因此板条的宽度要在 200mm 以下。梁底板的板条是例外,为了使拼缝更少,不漏浆,其宽度大小可以随意。一般情况下,拼板的拼条要平放,梁侧板的拼条要立放。拼条之间的距离大约为 400～500mm,是由新浇混凝土的侧压力和板条的厚度决定的。

2)钢模板

定型组合钢模板的构成主要是钢模板和配件(包括连接件及支承件),属于工具式定型模板之一。利用不同的连接件及支承件能够将钢模板组成不同结构、尺寸与几何形状的模板。钢模板可以在施工时现场组装,也可以用起重机吊运提前安装好的大块模板或构件模板。

一般情况下,钢模板由钢板和型钢焊接而成,属于定型模板,有特定的形状和尺寸,钢模板有 4 种:平面模板、阳角模板、阴角模板以及连接角模(见图 3-2)。

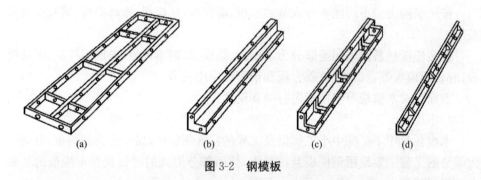

(a)　　　　(b)　　　　(c)　　　　(d)

图 3-2　钢模板

构成钢模板的连接件有 U 形卡、L 形插销、S 形扣件、钩头螺栓、对拉螺栓以及碟形扣件等。

3.1.2　模板施工工艺

3.1.2.1　基础模板

基础模板要使用地基或者基槽(坑)支撑。基础的特点是高度低,体积较大,如果土质好的话,基础的最下一级可以直接用混凝土浇筑,并不需要模板。在安装基础模板时,要固定好上下模板位置,不能让其产生相对位移,若基础为杯形,那么要在基础放入杯口模板,图 3-3 为阶梯形基础模板。

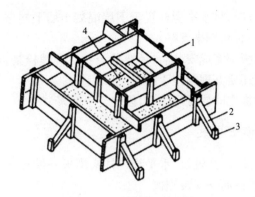

图 3-3　阶梯形基础模板

1—拼板　2—斜撑　3—木桩　4—铁丝

3.1.2.2　墙模板安装

（1）工艺流程：弹线→安装门窗洞口模板→安装一侧模板→安装另一侧模板→调整固定→办理预检。

（2）复查墙模板位置的定位基准线。门洞模板要按照位置线安装，下预埋件或木砖。

（3）按照位置线将原来已经拼装完成的一面模板放置到指定位置，接下来安装拉杆或支撑以及塑料套管和穿墙螺栓，其中在设计模板时要确定穿墙螺栓的大小以及间距，此外，边校正边安装模板。特别要注意的是，对称放置两侧穿孔的模板，穿墙螺栓与墙模垂直放置。

（4）安装另一侧模板之前要将墙内杂物清理干净，接着调整斜撑使模板垂直，将穿墙螺栓拧紧。

（5）自墙角模开始拼装单块模板，然后延伸至垂直的两个方向进行组合拼接，在这一过程中还要随时架设支撑，固定模板。在单块模板安装完成之后，接下来可以安装钢内楞，利用钩头螺栓将钢内楞与模板固定起来，间距不能超过 600mm，安装模板预组时，应一边就位，一边校正，然后再安装连接件、支承件。利用 U 形卡将邻近的模板边肋相连并使其间距在 300mm 之内，预组拼模板接缝处宜满上 U 形卡，并反正交替安装。

（6）上下层墙模板接槎处理，当采用模板单块拼装时，可在下层模板上端设一道穿墙螺栓，拆模时，该层模板不拆除，作为上层模板的支撑面。

　　使用预组拼模板时,将水平螺杆置于下层混凝土墙上端靠下 200mm 处,上层模板通过紧固一道通长角钢来支撑。

　　(7)在所有的模板都完成安装后,还要检查扣件和螺栓是否拧紧,模板的拼缝和下口的严密程度,还要办理预检手续。

　　(8)在相邻钢模板之间放置海绵条,以免发生漏浆。

3.1.2.3　梁模板安装

　　(1)模板的工艺流程:弹轴线、水平线→柱头模板→模板→安装梁下支撑→安装梁底模板→绑扎梁钢筋→安装侧模。

　　(2)在柱子混凝土上弹出梁的轴线及水平线(梁底高程引测用),并复核。不管首层是土壤地面还是楼板地面,安装梁模支架之前都要在专用支柱的下脚铺设通长脚手板,此外,楼层间的上下支座应保持在同一条直线上,但是需要注意的是首层若为土壤地面应平整夯实。一般情况下,支柱使用双排,间距大约 60~100cm。将 10cm×10cm 木楞(或定型钢楞)或梁卡具连接固定于支柱上。将横杆或斜杆加设于支柱的中间和下方,支柱双向加剪刀撑和水平拉杆,离地 50cm 设一道,以上每隔 2m 设一道。立杆要添加可以调节高度的底座。若梁跨度≥4m,跨中梁底处要根据设计起拱,如果设计并无说明,适宜的起拱高度为梁跨度的 1/1000~3/1000。

　　(3)按照设计的要求在支柱上调整预留梁底模板的高度,然后拉线安装梁底模板并找直。

　　(4)在底模上绑扎钢筋,检验合格之后就可以将杂物清理干净,接着安装梁侧模板,用梁卡具或安装上下锁口楞及外竖楞,附以斜撑,其间距一般宜为 75cm。若梁高>60cm,那么需要添加腰楞,并且穿对拉螺栓,加固。拉线找直侧梁模上口,并使用定型夹固定。有楼板模板时,在梁上连接好阴角模,与楼板模板拼接。

　　(5)使用角模拼接梁口与柱头模板,或设计专门的模板,不应用碎拼模板。

　　(6)钢管预埋的方法可以满足在梁上预留孔洞的需要,还要注意分散穿梁孔洞,位置在梁中比较恰当,孔沿梁跨度方向的间距不少于梁高度,以防削弱梁截面。

　　(7)再次检查梁模尺寸,连接固定相邻梁柱模板。若有楼板模板,要与板模拼接固定。

3.1.2.4　楼板模板安装

　　(1)工艺流程:地面夯实→支立柱→安大小龙骨→铺模板→校正高程及起拱→

加立杆的水平拉杆→办预检。

(2)先夯实基土地面,然后垫通长脚手板,接下来才能在基土上安装模板,此外,楼层地面在立支柱前也要垫通长脚手板。若使用的是多层支架支模,那么支柱要垂直放置,并且支柱的上下层要在一条竖向中心线上。

(3)首先,安装位置应选择边跨一侧,其次要先临时固定住第一排的龙骨和支柱,然后是第二排的龙骨和支柱,逐排安装。要按照模板设计规定安排支柱和龙骨的间距。一般情况下,小龙骨(楞木)间距为 40~60cm,大龙骨(杠木)间距为 60~120cm,支柱间距为 80~120cm。

(4)调节支柱高度,将大龙骨找平。

(5)铺定型组合钢模板块:首先,要先铺一侧,以 U 形卡将相邻的两块板的边肋连接起来,且 U 形卡的安装要每隔一孔插一个(即安装间距小于等于 30cm)。U 形卡不能全部安装到同一方向上,要正反相间。楼板在大面积上均应采用大尺寸的定型组合钢模板块,可以用窄的木板或拼缝模板填充拼缝处,需要注意的是要拼缝严密,钢模板之间要填充海绵条,以防漏浆。

(6)用水平仪测量模板高程,进行校正,并用靠尺找平。用水平拉杆连接支柱,水平拉杆的具体设置取决于支柱的高度。如无特殊情况,都是离地面 20~30cm处一道,往上纵横方向每隔 1.6m 左右一道,要注意常检查,确保牢固。

3.2　钢筋工程施工

3.2.1　钢筋的类型

钢筋是钢筋混凝土的主要成分,其类型按照不同划分方法可以分为如下几类:

按照生产工艺划分有冷轧带肋钢筋、冷拉钢筋、冷拔钢丝、热轧钢筋、热处理钢筋、刻痕钢丝、碳素钢丝、精轧螺纹钢筋、钢绞线。

按照钢筋的直径大小划分有粗钢筋(直径大于 18mm)、中粗钢筋(直径 12~18mm)、细钢筋(直径 6~10mm)、钢丝(直径 3~5mm)。

按照结构构件的类型划分可以分成两类,普通钢筋(热轧钢筋)和预应力钢筋。

普通钢筋包含用于预应力混凝土结构中的非预应力钢筋和钢筋混凝土结构中的钢筋。按照强度分类的话,普通钢筋有 HRB335、HRB400 及 RRB400 等,通常级别高的强度和硬度大,可塑性小。预应力钢筋可以采用热处理钢筋,但最好使用预应力钢绞线、消除应力钢丝,还可以使用强度和伸长率符合要求的冷加工钢筋或其他钢筋,但是必须符合专门标准的规定。

按照化学成分的不同可以将钢筋分为普通低合金钢钢筋和碳素钢钢筋。普通低合金钢钢筋是在低碳钢和中碳钢中加入含量不超过 3% 的某些合金元素(如钛、钒、锰等)冶炼而成;这些合金元素能大大提高钢筋的强度,也能改善钢筋的机械性能。碳素钢钢筋又可以含碳量为标准分为高碳钢钢筋(含碳量大于 0.60%)、中碳钢钢筋(含碳量 0.25~0.60%)和低碳钢钢筋(含碳量小于 0.25%)。含碳量直接影响钢筋强度和受力变形性能。含碳量增加,钢筋强度和硬度增大,但塑性和韧性降低,脆性增大,可焊性变差。

3.2.2 钢筋的冷加工

为了提高钢筋的强度设计值,节约钢材,钢筋的冷加工方法多采用冷拉或冷拔。

3.2.2.1 钢筋的冷拉

在常温下强力拉伸钢筋,使钢筋的拉应力高于屈服强度,钢筋会因此发生塑性变形就是钢筋的冷拉,钢筋的冷拉能够调直钢筋、提高钢筋强度、节约钢材。

1)钢筋的时效

钢筋的变形硬化指的是经过冷拉的钢筋,强度变大但是可塑性减小的现象。在钢筋的应力大于屈服点时,钢筋内部晶格沿结晶面滑移,晶格扭曲变形,钢筋内部结构改变,进而钢筋自行调整内部晶体组织。在调整之后,钢筋的屈服点达到稳定状态,进而强度加大,塑性越发减小。钢筋晶体组织调整过程称为"时效"。

2)冷拉的目的

冷拉对于普通钢筋混凝土结构的钢筋来说只能起到调直、除锈的作用(拉伸过程中钢筋表面锈皮会脱落),并不会影响钢筋的力学性能。以冷拉这种方法调直钢筋时,冷拉率 HRB335、HRB400 级钢筋要在 1% 以下。冷拉还有一个作用就是能增加钢筋的强度,并且同时能够调直、除锈,此时钢筋的冷拉率为 4%~10%,强度可提高 30% 左右,主要用于预应力筋。

3)钢筋冷拉控制方法

钢筋冷拉控制方法有两种,分别是控制冷拉率和控制应力。

(1)控制冷拉率法。这种方法就是通过钢筋的冷拉率进而控制钢筋的冷拉。

冷拉率要通过试验来确定,并且试件数量要在 4 个及以上。在得出冷拉率之后,还要将据钢筋长度得出的伸长值作为冷拉依据。冷拉伸长值 ΔL 按下式计算:

$$\Delta L = \delta L$$

式中,δ——冷拉率(由试验确定);

　　L——钢筋冷拉前的长度,m。

冷拉后除去弹性回缩值才是钢筋的实际伸长值。

这种方法控制冷拉属于间接方法,冷拉率由试验确定。表 3-1 为测定冷拉率时钢筋的冷拉应力。

表 3-1　测定冷拉率时钢筋的冷拉应力

项次	钢筋级别	冷拉控制应力(N/mm^2)
1	HPB300	320
2	HRB335	480
3	HRB400 和 RRB400	530
4	HRB500	730

控制冷拉率法在实践时较为简便,然而若钢筋材质不匀,要用经试验确定的冷拉率进行冷拉,若是不知道炉批号的钢筋,不能使用控制冷拉率法。

(2)控制应力法。控制应力法就是要控制钢筋的冷拉应力,参考表 3-2 按照钢筋的级别选择冷拉应力。进行冷拉时还要考虑钢筋的冷拉率,不得超过表 3-2 中的最大冷拉率。冷拉时,钢筋达到控制应力,并且小于表 3-2 中的最大冷拉率,那么认为钢筋冷拉合格。如果钢筋的应力达到控制应力,但是冷拉率超过表中的最大冷拉率(即钢筋已达到规定的最大冷拉率而应力还小于控制应力),那么钢筋冷拉不合格,应进行机械性能试验,按其实际级别使用。

表 3-2　冷拉控制应力及最大冷拉率

项次	钢筋级别	冷拉控制应力(N/mm^2)	最大冷拉率(%)
1	HPB300	280	10
2	HRB335	450	5.5
3	HRB400 和 RRB400	500	5
4	HRB500	700	4

使用这种方法控制钢筋冷拉属于直接方法,按表 3-2 规定的控制应力,根据下式计算冷拉力:

$$N = \sigma_{cs} A_s$$

式中,N——冷拉力(N);

σ_{cs}——钢筋冷拉控制应力(N/mm^2);

A_s——钢筋冷拉前的横截面面积(mm^2)。

例如,冷拉 1 根直径为 25mm、长 30mm 的 HRB335 级钢筋,根据表 3-2,其控制应力为 $450N/mm^2$,最大冷拉率为 5.5%,则这根钢筋所需的冷拉力为 $N = 450 \times \pi \times 25^2 \div 4 = 220kN$,其拉伸伸长值不应大于 $30 \times 5.5\% = 1.65m$。

3.2.2.2 钢筋的冷拔

钢筋冷拔是将直径 8mm 以下的热轧钢筋在常温下强力拉拔使其通过特制的钨合金拔丝模孔如图 3-4 所示,钢筋轴向被拉伸,径向被压缩,使钢筋产生较大的塑性变形,其抗拉强度可提高 50%~90%,塑性降低,硬度提高。

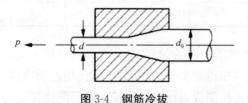

图 3-4 钢筋冷拔

钢筋冷拔的主要功能在于生产冷拔低碳钢丝,这种钢丝又分为两级,甲级和乙级,甲级用来作预应力筋,乙级用来作钢丝网、箍筋和构造筋等。

经过许多次冷拔才能形成冷拔低碳钢丝。在冷拔过程中钢筋的截面要慢慢缩小,不然冷拔次数太少,钢筋截面收缩过大,容易拔断钢筋,钢丝模孔损耗也大。

3.2.3 钢筋的连接

3.2.3.1 钢筋的焊接

钢筋的连接方法有以下 3 种:绑轧连接、焊接连接、机械连接。为了确保钢筋连接的质量以及效率,不浪费钢材,除了特别规定不准使用明火的情况,一般都使用焊接连接的方法。焊接连接又分为两类:压焊和熔焊。压焊有闪光对焊、电阻点焊和气压焊 3 种方式;熔焊有电弧焊和电渣压力焊两种方式。另外,焊接钢筋与预埋件 T 形接头要使用埋弧压力焊等。

1）对焊

对焊是指使两条钢筋水平置于对焊机夹钳内，成对接状态，并使之互相接触，接下来对其通电（低电压的强电流），产生电阻热（电能转化为热能），钢筋被加热到指定温度时，要进行顶锻（施加轴向压力挤压），以形成对焊接头（见图 3-5）。

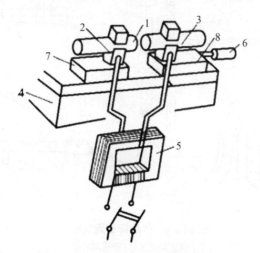

图 3-5　钢筋闪光对焊原理

1—焊接的钢筋　2—固定电极　3—可动电极　4—基座　5—变压器

6—平动压顶机构　7—固定支座　8—滑动机构

2）电阻点焊

电阻点焊是指进行钢筋交叉点焊时，接触面积小，只有一点，因此接触处电阻较大，在互相接触的一刹那，热量集中于一点，致使金属在高温下熔化，同时在电极加压下使焊点金属得到焊合。电阻点焊主要用于钢筋的交叉连接，焊接钢筋网片、钢筋骨架等。

悬挂式点焊机、手提式点焊机、单点电焊机和多点点焊机是比较常见的点焊机。进行电阻点焊之前，焊点要做外观检查和强度试验。热轧钢筋的焊点要进行抗剪试验。冷处理钢筋的焊点不仅要做抗剪试验，还要做拉伸试验。

3）气压焊

在钢筋接缝处使用氧-乙炔火焰进行加热，钢筋接触部位会呈高温状态，然后施加足够的轴向压力而形成牢固的对焊接头就是钢筋气压焊。这种方法的优点在于设备简便、效果明显、焊接质量高，电源功率也不需太大。

HRB335 级且直径小于 40mm 的钢筋可以采用钢筋气压焊进行纵向连接。若相连接的两根钢筋直径存在差异的话,那么应该在 7mm 之内。如图 3-6 所示,钢筋气压焊的主要设备为氧-乙炔供气设备、加热器、加压器及钢筋卡具等。

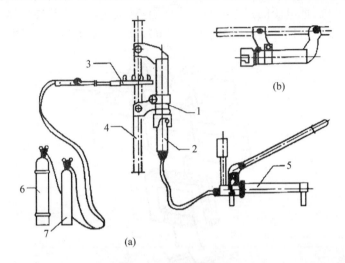

图 3-6 气压焊装置系统

(a)竖向焊接 (b)横向焊接

1—压接器 2—顶头油缸 3—加热器 4—钢筋 5—加压器 6—氧气 7—乙炔

3.2.3.2 机械连接

机械连接包括锥螺纹连接、直螺纹连接、套筒挤压连接。

1)锥螺纹连接

锥螺纹连接首先利用锥形纹套筒将两根钢筋头部对接,利用螺纹的机械咬合力传递拉力或压力。用套丝机对钢筋端头进行套丝。

2)直螺纹连接

(1)原理:这种方式是目前来看较为新颖的连接方式。直螺纹连接首先用套丝机把钢筋前端削成直螺纹,然后利用套筒对接钢筋。

(2)直螺纹连接施工工艺流程。钢筋准备→放置在直螺纹成型机上→剥肋滚压直螺纹→在直螺纹上涂油保护→放置钢筋(放置时用垫木,以防直螺纹被损坏)→套筒连接(现场连接施工)。

(3)现场操作过程及质量要求。①首先将部分或全部的套筒拧入被连接钢筋的螺纹内,然后转动连接钢筋或反拧套筒到预定位置,最后用扳手转动连接钢筋,使其相互对顶锁定连接套筒;②扭紧钢筋接头,并标记拧紧后的接头;③连接套筒表面无裂纹,螺牙饱满,无其他缺陷;④为了达到内部干净、干燥、防锈的目的,用塑料盖封上连接套筒两端的孔;⑤在进行工作前,要对钢筋进行工艺检验,试验合格后才能施工。

3)套筒挤压连接

先在一个优质钢管套中插入两根钢筋的前端,然后在侧向用挤压机加压数道,套筒发生变形钢筋随之紧密连接。

3.3　混凝土工程施工

3.3.1　混凝土的制备

3.3.1.1　混凝土的配制

1)混凝土的原材料

混凝土的原材料就是用水泥、粗细骨料、水构成的,然后按照一定的比例搅拌合成的混合材料。掺加外加剂和掺和料可以改善混凝土的某些性能。

水泥的品种和强度等级就是根据结构的设计和施工要求来精确选定的,水泥进场后,要分别放置,做好记号。注意存放的水泥要放置在干燥的地方。水泥也有保质日期,一般为 3 个月,超过 3 个月,在使用前就必须重新取样检查。

粗细骨料包括砂、石子,其中砂又可以分为河砂、海砂、山砂。粗骨料有碎石、卵石。混凝土中的骨料要求比较严格,要质地坚固、颗粒级配良好、含泥量要小,有害杂质含量要满足国家有关标准要求。尤其活性硅、云石等含量,必须严格控制。

混凝土拌和用水一般直接可以使用饮用水,当使用其他水的时候,水质要符合国家有关标准的规定。

在混凝土工程中已经广泛使用外加剂,这样可以改善混凝土的相关性能。总的可以分为早强剂、减水剂、缓凝剂、抗冻剂、加气剂、防锈剂、防水剂等。使用前,必须取样实际试验检查其性能,任何外加剂要经过严格审查不得盲目使用。

在混凝土中加适量的掺和料,有两点好处,一可以节约水泥,二可以改善混凝土的性能。在掺和料中分为水硬性和非水硬性两种。水硬性掺和料在水中具有水化反应,起到填充作用,如硅粉、石灰石粉等。掺和料的使用要服从设计要求,掺量要经过试验确定。

2)混凝土的配合比

(1)施工配合比换算

混凝土试验配合是由干燥的砂、石骨料制定的,但是实际上砂和石骨料含有一些水分,而水分又会随着气候的条件发生改变。所以在施工的时候要及时测定现场砂、石骨料的含水量,并将混凝土的实验室配合比换算成在实际含水量情况下的施工配合比。

设实验室配合比为:水泥:砂子:石子$=1:x:y$,水灰比为ω/C,并测得砂子的含水量为ω_x,石子的含水量为ω_y,则施工配合比应为:$1:x(1+\omega_x):y(1+\omega_y)$。按实验室配合比 $1m^3$ 混凝土水泥用量为 $C(kg)$,计算时确保混凝土水灰比不变(ω 为用水量),则换算后材料用量为:

水泥:$C' = C$

砂子:$G'_砂 = C_x(1+\omega_x)$

石子:$G'_石 = C_y(1+\omega_y)$

水:$\omega' = \omega - C_x\omega_x - C_y\omega_y$

(2)施工配料。求出每立方米混凝土材料用量后,还必须根据工地现有搅拌机出料容量确定每次需用几整袋水泥,然后按水泥用量来计算砂石的每次拌用量。如采用JZ250型搅拌机,出料容量为 $0.25m^3$,则上例每搅拌一次的装料数量为:

水泥:$275 \times 0.25 = 68.75kg$(取用一袋半水泥,即75kg)

砂子:$726 \times 75/275 = 198kg$

石子:$1540 \times 75/275 = 420kg$

水:$142.4 \times 75/275 = 38.8kg$

为了把控好混凝土的比例,原材料的数量应该采取质量计量,要求规定如下:水泥、混合材料掌控在$\pm2\%$;细骨料为$\pm3\%$;水、外加剂溶液$\pm2\%$。各种衡量器应该定期校验,经常保持准确。骨料含水量应经常测定,雨天施工时,应增加测定次数。

3.3.1.2 混凝土的搅拌

1)搅拌机

现在的搅拌机按照搅拌机理一般分为自落式搅拌机和强制式搅拌机两种类

型。强制式搅拌机正在慢慢代替自落式搅拌机。强制式搅拌机在构造上可分为立轴式和卧轴式两类。

立轴式搅拌机的拌筒为一个水平放置的圆盘,圆盘有内外筒壁,内筒壁轴心装有立轴,立轴上又装有搅拌叶片,一般为 2~3 组,当立轴旋转时,叶片即带动物料按复杂的轨迹运动,搅拌强烈,在短时间内即可完成搅拌。

卧轴式搅拌机可分为单轴式和双轴式,双轴式为双筒双轴工作,生产效率更高。卧轴式搅拌机的优点在于体积小、容量大、搅拌时间短、生产效率高等。

2)投料顺序

一般的投料方法有两种,分别是一次投料和二次投料。

一次投料是在上料斗中首先装进石子,然后再加入水泥和砂,最后一起投入搅拌机。对自落式搅拌机要在搅拌筒内先加部分水,投料时用砂压住水泥,这样水泥就不会胡乱飞扬,并且水泥和砂先进入搅拌筒内形成水泥砂浆,可缩短包裹石子的时间。

二次投料法经过我国的研究和实践形成了"裹砂石法混凝土搅拌工艺",它是在日本研究的造壳混凝土(简称 SEC 混凝土)的基础上结合我国的国情研究成功的。这种方法分两次加水,两次搅拌。用这种工艺搅拌时,先将全部的石子、砂和70%的拌和水倒入搅拌机,拌和 15s 使骨料湿润,再倒入全部水泥进行造壳搅拌30s 左右,然后加入 30%的拌和水再进行糊化搅拌 60s 左右即完成。与普通搅拌工艺相比,用裹砂石法搅拌工艺可使混凝土强度提高 10%~20%,或节约水泥 5%~10%。在我国推广这种新工艺,有巨大的经济效益。

3)混凝土搅拌时间

搅拌的时间就是从原材料全部投入搅拌筒内开始搅拌,到开始卸料为止所花的时长。混凝土搅拌的时间和混凝土搅拌的质量有密切的联系。在一定范围内,搅拌的时间越长,其强度就会越高,但过长时间的搅拌既不经济也不合理。为了保证混凝土的质量,必须合理控制搅拌时间。混凝土搅拌的最短时间如表 3-3 所示。

表 3-3　混凝土搅拌的最短时间(s)

混凝土坍落度 (mm)	搅拌机机型	搅拌机出料量(L)		
		<250	250~500	>500
≤30	强制式	60	90	120
	自落式	90	120	150

混凝土坍落度 （mm）	搅拌机机型	搅拌机出料量（L）		
		＜250	250～500	＞500
＞30	强制式	60	60	90
	自落式	90	90	120

注：①当掺有外加剂时，搅拌时间应适当延长。

②全轻混凝土、砂轻混凝土搅拌时间应延长60～90s。

4）进料容量

进料容量又叫作干料容量，是指在搅拌前期把各种材料的体积积累起来。进料容量和搅拌机搅拌筒的几何容量的比例一般是0.22～0.40。超载（进料容量超过10%）会使材料在搅拌筒内没有充足的空间进行掺和，这样会影响混凝土拌和物的均匀性。如装料过少，则又不能充分发挥搅拌机的效能。

3.3.2 混凝土的运输

3.3.2.1 混凝土运输的要求

混凝土的运输是指将混凝土从搅拌站送到浇筑点的过程。为了保证混凝土的施工质量，对混凝土拌和物运输的基本要求是：

（1）混凝土运输过程中，要能保持良好的均匀性，应控制混凝土不离析、不分层，并应控制混凝土拌合物性能满足施工要求。

（2）混凝土拌合物从搅拌机卸出至施工现场接收的时间间隔不宜大于90min。混凝土在初凝之前必须浇入模板内，并捣实完毕。

（3）场内输送道路应尽量平坦，以减少运输时的振荡，避免造成混凝土分层离析。同时还应考虑布置环形回路，施工高峰时宜设专人管理指挥，以免车辆互相拥挤阻塞。临时架设的桥道要牢固，桥板接头须平顺。

（4）冬期采用搅拌罐车运送混凝土拌合物时，搅拌罐在冬期应有保温措施。

（5）当采用泵送混凝土时，混凝土运输应保证混凝土连续泵送，并应符合现行行业标准《混凝土泵送施工技术规程》JGJ/T 10—2011的有关规定。

3.3.2.2 混凝土运输工具的选择

混凝土运输有3种方式：地面运输、垂直运输和楼面运输。

1)混凝土地面运输

若运输距离较远,就不适合采用预拌混凝土了,这时多用混凝土搅拌运输车。若混凝土的来源是工地搅拌站,那么大多时候就用载重约 1t 的小型机动翻斗车或双轮手推车,较少用传送带运输机和窄轨翻斗车运输。

图 3-7 为混凝土搅拌运输车。这种车在长距离运输混凝土方面效果显著,它的汽车底盘上斜置一搅拌筒,搅拌筒内有两条螺旋状叶片,可以在装入混凝土后的运输过程中慢速转动进行搅拌,防止混凝土离析,到达指定的运输地点后,反转搅拌筒就能迅速卸下混凝土。搅拌筒的大概能容 2~10m³ 混凝土,混凝土的搅拌运输质量和卸料速度由搅拌筒的结构形状和其轴线与水平的夹角、螺旋叶片的形状和它与铅垂线的夹角决定。搅拌筒的驱动发动机可以是单独的或者汽车的,最好是液压传动。

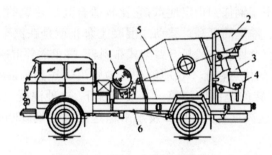

图 3-7　混凝土搅拌运输车

1—水箱　2—进料斗　3—卸料斗　4—活动卸料溜槽　5—搅拌筒　6—汽车底盘

2)混凝土垂直运输

目前国内混凝土的垂直运输工具大多为塔式起重机、快速提升斗、混凝土泵及井架。混凝土在用塔式起重机运输时要搭配吊斗运输,以便于直接进行浇筑。混凝土泵适用于混凝土浇筑量大、浇筑速度快的工程。

3)混凝土楼面运输

混凝土楼面运输适用工具多为双轮手推车及机动灵活的小型机动翻斗车。

3.3.2.3　泵送混凝土

泵送混凝土是指用泵运输混凝土。这也属于运输混凝土的方法之一,主要原理为将搅拌运输车中的混凝土卸至混凝土泵的料斗中,然后利用泵的压力通过管道使混凝土到达指定的地点进行浇筑,这样可以同时进行混凝土的水平和垂直运输。目前这种方法已经成为施工现场运输混凝土的关键方法,并且应用范围也愈加广泛,包括高层、超高层建筑、立交桥、水塔、烟囱、隧道和各种大型混凝土结构工程的施工。现在大功率的混凝土泵最大垂直输送高度已达 432m,最大水平运距可达 1520m。

构成泵送混凝土设备的主要装置有混凝土泵、输送管和布料装置。

1)混凝土泵

常见的混凝土泵有活塞泵、气压泵和挤压泵等,其中用得最多的就是活塞泵。根据构成原理不同,活塞泵分为机械式活塞泵和液压式活塞泵,这两种用得多的是液压式活塞泵,而液压式活塞泵又可分成油压式及水压式,其中油压式较常用。常用液压活塞泵基本上是液压双缸式。

按照混凝土泵的泵体移动与否又可以分成固定式和移动式,在使用固定式混凝土泵的时候,要用车辆拖到指定地点,它比较适合高层建筑的混凝土工程施工,优点为输送能力大,输送高度高。移动式混凝土泵车就是在汽车底盘上安装一个混凝土泵,附带装有全回转三段折叠臂架式布料杆,哪里需要混凝土就将车开到哪里。这种混凝土泵的优点在于不仅能够随工地管道运送到稍远些的地方,还可以通过布料杆在其回转的范围内浇筑。一般情况下,这种混凝土泵的输送能力为 $80m^3/L$,若垂直输送高度达到 110m 及水平输送距离达到 520m 时,输送能力为 $30m^3/L$。

2)混凝土输送管

泵送混凝土工作最关键的零件就是混凝土输送管,大致包括软管、弯管、直管及锥形管等。一般情况下,除软管外的混凝土输送管的材料都为耐磨锰钢无缝钢管,管径大致上包括 80mm、100mm、125mm、150mm、180mm、200mm 等,100mm、125mm、150mm 管径的输送管最常使用。直管的标准长度包括 0.5m、1m、2m、3m、4m,其中 4m 管为主管。弯管的角度包括 15°、30°、45°、60°、90°,便于管道改变方向。锥形管便于连接不同管径的输送管,锥形管的长度大约为 1m。一般管道出口处会接软管,目的在于以不移动钢管为前提增大布料范围。垂直输送时,在立管的底部要增设逆流阀,以防止停泵时立管中的混凝土反压回流。

3)布料装置

在浇筑地点设置布料装置是十分必要的,因为混凝土泵的供料一定要是连续的,输送量也很大,布料装置的设置有利于混凝土在经过运输之后直接进行摊铺或者浇筑入模,能够完全发挥混凝土泵的功能,也能使工作人员减轻体力劳动,更为轻松。布料装置又称为布料杆,主要构成零件为可回转、可伸缩的臂架和输送管。

布料杆根据支承结构的差异分为两类:独立式和汽车式。

混凝土泵车由混凝土泵置于汽车上构成,车上置有"布料杆",能够伸缩或屈折,下方末尾有软管,能够直接输送混凝土到浇筑地,方便快捷。

为防止混凝土产生离析现象,就要保持混凝土的通畅,在输送时应尽量减少与输送管壁发生摩擦。

3.3.3　混凝土的浇筑与振捣

3.3.3.1　混凝土的浇筑

1)混凝土浇筑前的准备工作

(1)在混凝土浇筑前应该先对模板和支架进行全方位的检查,应该确保标高、位置尺寸要正确,强度、刚度、稳定性和严密性要符合规定要求;模板中的垃圾、泥土和钢筋上油污应该及时处理干净;木模板应该浇水湿润,但是不能留有积水。

(2)对钢筋和预理件应该请工程监管人员共同检查钢筋的级别、直径、排放位置及保护层厚度是否符合设计要求和规范要求,并认真做好隐蔽工程记录。

(3)提前准备和检查材料、机具等;注意查看天气预报,不能选择在雨雪天气浇筑混凝土。

(4)做好施工组织工作和技术、安全交底工作。

2)混凝土浇筑的一般规定

(1)混凝土浇筑前不应发生初凝和离析现象。混凝土运到后,其坍落度应满足表 3-4 的要求。

表 3-4　混凝土浇筑时的坍落度

结构种类	坍落度(mm)
基础或地面的垫层、无配筋的大体积结构(挡土墙、基础等)或配筋稀疏的结构	10~30
板、梁和大型及中型截面的柱子等	30~50
配筋密列的结构(薄壁、斗仓、筒仓、细柱等)	50~70
配筋特密的结构	70~90

(2)为了确保混凝土在浇筑的时候不出现离析现象,混凝土从高处倾落的时候高度最好不要超过 2m。如若超过 2m,就应该设有溜槽或串筒,如图 3-8 所示。

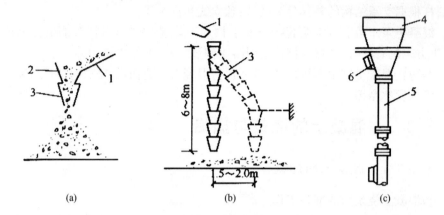

图 3-8　混凝土浇筑

(a)溜槽　(b)串筒　(c)振动串筒

1—溜槽　2—挡板　3—串筒　4—漏斗　5—节管　6—振动器

（3）为确保混凝土结构的整体性，混凝土浇筑原则上最好是一次性浇完。每层浇筑厚度应符合表 3-5 的规定。

表 3-5　混凝土浇筑层厚度(mm)

混凝土的捣实方法		浇筑层的厚度
插入式振捣		振捣器作用部分长度的 1.25 倍
表面振捣		200
人工捣实	在基础、无筋混凝土或配筋稀疏的结构中	250
	在梁、墙板、柱结构中	200
	在配筋密列的结构中	150
轻骨混凝土	插入式振捣器	300
	表面振捣(振捣时需加荷)	200

（4）混凝土的浇筑工作最好保持连续性，中间不宜断开。①如果间隔时间超过了混凝土初凝时间，就要按照施工技术方案的要求留设施工缝；②在竖向结构(如墙、柱)中浇筑混凝土时，先浇筑一层大约为 50～100mm 水泥砂浆，然后再分段分层灌注混凝土。其主要目的是避免出现烂根现象。

3)施工缝留设与处理

混凝土施工缝不应随意留置,其位置应事先在施工技术方案中确定。

(1)施工缝的留设。混凝土结构大多要求是要整体浇筑,若是因为技术或是施工组织的原因,不能对混凝土结构一次性连续浇筑完成,需要较长的停歇时间,而且在停歇的时间内,混凝土的初凝已经完成,这样再继续浇筑混凝土的时候,就形成了接缝,这就是施工缝。

①施工缝留设的原则:宜留在结构受剪力较小的部位,同时方便施工。

②柱子的施工缝宜留在基础与柱子交接处的水平面上、梁的下面、吊车梁牛腿的下面、吊车梁的上面、无梁楼盖柱帽的下面,如图 3-9 所示。

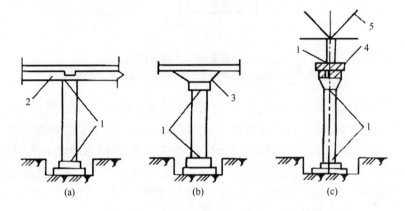

图 3-9　柱子施工缝位置

(a)肋形楼板柱　(b)无梁楼板柱　(c)吊车梁牛腿柱

1—施工缝　2—梁　3—柱帽　4—吊车梁　5—屋架

③在楼板底面下 20～30mm 处应该留有高度大于 1m 的钢筋混凝土梁的水平施工缝,当板下有梁托时,留在梁托下部。

④单向平板的施工缝,可留在平行于短边的任何位置处。

⑤对于有主次梁的楼板结构,应该顺着次梁方向浇筑,施工缝应留在次梁跨度中间 1/3 范围内,如图 3-10 所示。

⑥墙的施工缝可以设在门窗洞口过梁跨度中间 1/3 范围内,也可留在纵横墙的交接处。

⑦楼梯的施工缝应留在梯段长度中间 1/3 范围,双向板、大体积混凝土等应按设计要求留设。

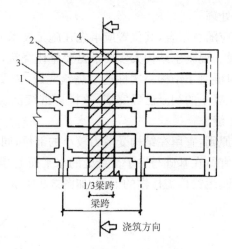

图 3-10　有梁板施工缝的位置

1—柱　2—主梁　3—次梁　4—板

(2)施工缝的处理。①继续在施工缝浇筑混凝土时,要等到混凝土的抗压强度不小于1.2MPa时再进行;②在对施工缝浇筑混凝土之前,要清理掉施工缝表面上的水泥薄膜、松动石子和软弱的混凝土层,并加以充分湿润和冲洗干净,不能留有积水;③浇筑时,施工缝处应该先铺水泥浆(水泥：水＝1：0.4),或与混凝土成分相同的水泥砂浆一层,厚度为30~50mm,要确保接缝的质量;④浇筑过程中,施工缝应细致捣实,使其紧密结合。

4)后浇带混凝土施工

后浇带是在现浇混凝土结构施工过程中,为免受温度影响收缩产生裂缝而设置的临时施工缝。该缝需根据设计要求会保留一段时间后再浇筑混凝土,然后将整体结构连成整体。后浇带内的钢筋应完好保存,如图3-11所示。

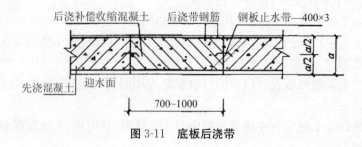

图 3-11　底板后浇带

(1)施工流程。后浇带的两侧混凝土处理—防水节点处理—清理—混凝土浇筑—养护。

(2)施工方法。后浇带的两侧混凝土处理,由机械切出剔凿的范围和深度,处理掉松散的石子和浮浆,露出密实的混凝土,然后用水冲刷干净。按照相关规定进行防水节点处理。后浇带混凝土的浇筑时间要按照设计要求来确定,当设计没有明确的规定要求时,要在两侧混凝土龄期达到 42d 后再继续施工。

在后浇带浇筑混凝土前,在混凝土表面涂刷水泥净浆或铺一层与混凝土同强度等级的水泥砂浆,并及时浇筑混凝土。后浇带混凝土可采用补偿收缩混凝土,其强度等级不低于两侧混凝土。后浇带混凝土保湿养护时间不少于 28d。

3.3.3.2　混凝土的振捣

混凝土的浇筑必须要布满钢筋的周围和各个角落,与此同时,为了减少混凝土中的气泡和空隙,混凝土浇筑之后的振捣必不可少。

混凝土有两种振捣方式,分别为人工振捣和机械振捣。人工振捣主要工具为捣锤或插钎,利用冲击力捣实混凝土,缺点在于效率低、效果差;机械振捣主要工具为振动器,利用振动力强迫混凝土振动进而捣实,其优点为效率高、质量好。目前多采用机械振捣。

机械振捣的原理:未凝结的砼内部有很大的黏着力,若要让它产生位移,则又存在摩擦力,机械振捣时,砼受到强迫振动,其黏着力和摩擦力减小,从原来很稠的弹塑性体状态转化为暂时具有一定流动性的"重质液体"状态,振动结束后,砼又变回了原来的状态,这种转化可逆,并被称为"触变"。在振动时,重力作用致使骨料下沉,更加严密,气泡被挤出,水泥砂浆均匀分布填充空隙,砼就填满了模板的各个角落,砼就变得更为密实。振动机械按照工作方式的不同分为内部振动器、外部振动器、表面振动器和振动台等(见图 3-12)。

1)内部振动器

内部振动器又可以叫作插入式振动器,构成零件有电机、软轴及振动棒,一般用在基础、柱、梁、墙等构件及大体积混凝土的振捣。按照振动棒内部构造的不同可以将其分成两类,偏心轴式和行星滚锥式(简称行星式)。目前较为常用的内部振动器为行星式内部振动器,其优点在于频率高、振幅小、所需功率小、重量轻、效率高、尺寸小、易于操作。

插入式振动器可以斜向振捣,也可以垂直振捣。斜向振捣时,振动棒要与混凝土呈约 40°~45°角,垂直振捣为振动棒与混凝土表面垂直。

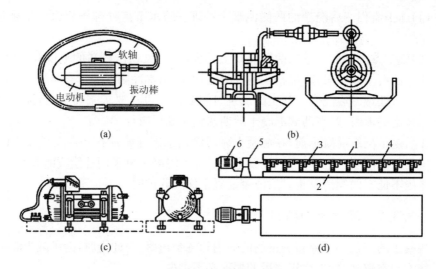

图 3-12　混凝土振动器

(a)电动软轴内部振动器　(b)表面式振动器　(c)外部振动器　(d)振动台

1—振动平台　2—固定框架　3—偏心振动子　4—支承弹簧　5—同步器　6—电动机

振动器在工作时要注意快插慢拔(快插的目的是防止先捣实表面砼致使上面砼与下面砼发生离析,慢拔的目的是使砼能填满振动棒抽出时所造成的空洞),插点的分布要均匀,按顺序逐点移动,不能产生遗漏现象,以便使混凝土均匀振实。一般情况下,振动棒有效作用半径为 300~400mm。振动棒可以采用行列式或交错式的振动方式。

若分层浇筑混凝土,为确保每层混凝土的均匀,那么需要来回抽动振动棒;此外,振捣上层混凝土的同时要将振动棒插入至下层混凝土 50~100mm 左右,使接缝填充完整。

在振捣点进行振捣时,要注意时间适宜,不宜太短或太长,时间太短的话混凝土振捣不足,则致使混凝土不够严密;时间太长会出现砂浆上浮,粗骨料下沉的情况,致使下部混凝土脱模后出现蜂窝、孔洞。一般情况下,振捣时间适宜在 30s 左右,振捣标准为表面泛浆,不再出现气泡,无明显沉落。注意振捣时不能碰到钢筋和模板。

2)表面振动器

表面振动器也可叫作平板振动器,构成零件主要为带偏心块的电动机和平板(木或钢板),其主要作用于混凝土的表面,一般用在楼板、地面、板形构件和薄壁结构等的振捣上。无筋或单层钢筋的结构中,振捣厚度应小于等于 250mm,双层钢筋结构中,振捣厚度应小于等于 120mm。

相邻两段之间应搭接振捣 50mm 左右。

3)外部振动器

外部振动器也可叫作附着式振动器。其主要固定在模板外侧的横档和竖档上,工作原理为偏心块旋转产生振动力,并通过模板传到混凝土,让混凝土产生振动使其紧密。外部振动器适合用在钢筋密集、断面尺寸较小的构件上。其最大振动深度 300mm 左右。

4)振动台

振动台是一个支撑在弹性支座上的工作平台,振动机构安装在工作平台下,振动机构工作会带动工作台产生振动,这样在工作台上制作构件的混凝土就会被振实。振动台是混凝土制品厂中的固定生产设备,用于振实预制构件。

3.4　混凝土工程冬期施工

3.4.1　混凝土冬期施工的原理

利用混凝土的凝结硬化而得到强度,这是由水泥水化的反应导致的。其水化反应的前提是水和温度,水是水化反应能否进行的必要条件之一。而温度则影响水化反应的速度,冬天施工气温低,水泥的水化作用明显减弱,混凝土强度速度增长缓慢,在气温达到 0℃ 以下时,水化反应基本停止;当温度降到 −4℃～−2℃ 时,新浇混凝土内部游离水开始结冰,水化作用完全停止,混凝土强度停止增长。混凝土结冰后体积膨胀,会在内部产生冰胀,使水泥石结构受到破坏,让混凝土的内部出现裂缝和孔隙,同时破坏了混凝土和钢筋的黏性,造成结构强度的降低。受冻的混凝土解冻后,强度虽然能够继续增长,但是俨然不能达到原来设计强度的等级。通过实验表明,混凝土再浇筑后会立即受冻,抗压强度损失约 50%,抗拉强度损失约 40%。受冻前混凝土养护的时间越长久,所达到的强度会越高,从而水化物生成的也较多,能结冰的游离水会也就较少,强度损失会降低。试验表明,混凝土遭受冻结后的强度损失,是与受冻时间早晚、冻结前混凝土的强度、水灰比、水泥标号及养护温度等有关。

新浇混凝土如果在受冻前就具备抵抗冰胀应力的某一初期的强度值,然后遭受冻结,但当恢复正常温度养护后,混凝土强度还能继续增长,并再经过 28d 的标准养护后,其后期强度可达到混凝土设计强度等级的 95% 以上,其受冻前的初期强度称为混凝土允许受冻的临界强度,即为混凝土受冻临界强度。

混凝土受冻临界强调与水泥的品种、混凝土的强度等级都有着密切的联系。中国现行规范规定:在冬期浇筑的混凝土的抗压强度,在受冻前,硅酸盐水泥和普通硅酸盐水泥配制的混凝土不得低于其设计强度标准值的 30%,矿渣硅酸盐水泥配制的混凝土不得低于设计强度标准值的 40%;C10 及其以下的混凝土强度不得低于 5N/mm²;掺防冻剂的混凝土,温度降到规定温度以下时,混凝土的强度不得低于 3.5N/mm²。

混凝土冬期施工的原理是受冻前使新浇筑的混凝土强度值达到受冻临界强度。

3.4.2　混凝土冬期施工的工艺要求

通常,混凝土冬期施工要求常温浇筑,混凝土在达到受冻临界强度前应该用常温养护。为实现目标,可以选择水化热大、发热量大的水泥,采取降低水灰比、减少用水量、增加搅拌时间、对原材料进行加热、采用保温养护及掺外加剂等措施,加速混凝土的凝结硬化。

3.4.2.1　对材料和对材料加热的要求

(1)在冬期施工期间内,配合混凝土用的水泥,应该优先选用活性高、水化热量大的硅酸盐水和普通硅酸盐水泥;蒸汽养护用的水泥品种经试验确定;水泥标号不宜低于 425 号,最小水泥用量不宜低于 300kg/m³;水灰比不应大于 0.6。水泥不得直接加热,使用前 1~2d 应堆放在暖棚内,暖棚温度宜在 5℃ 以上,并要注意防潮。

(2)要求骨料在冬期施工前就必须准备好冲洗干净,干燥储备在地势较高且无积水的地面上,并在上面覆盖防雨雪的材料,要适当采取保温措施,防止骨料里面渗入冰碴或雪团。

(3)经热工计算,如果需要对原材料加热时,加热的顺序按照水—砂—石来进行。不允许对水泥加热。水的比热容大,是砂、石骨料的 5 倍,加热起来较为简便,容易控制,所以会首先考虑加热水。在加热水未达到要求的时候,要考虑骨料的加热。砂石骨料可采用蒸汽直接通入骨料堆中,加热比较快,能够充分利用热能,但会增加骨料的含水率,在计算施工配合比时,应加以考虑。也可在铁板或火炕上放骨料,用燃料直接加热,但这种方法只适用于骨料分散、用量小的情况。

在加热水时,应该要适当控制加热的最高温度,避免水泥与过热的水直接接触而产生"假凝"现象。水泥"假凝"现象是指水泥颗粒在遇到温度较高的热水时,颗粒表面会很快地形成薄而硬的壳,阻止水泥与水的水化作用进行,使水泥水化不充分,导致混凝土强度下降。

(4)钢筋焊接和冷拉加工可在常温下进行施工,但温度不宜低于−20℃。采用控制应力方法冷拉时,冷拉控制应力较常温下提高 30N/mm² 。钢筋焊接应在室内进行,若必须在室外进行时,应有防雨雪挡风措施。严禁刚焊接好的接头与冰雪接触,避免造成冷脆事故。

3.4.2.2　混凝土的搅拌、运输、浇筑

冬期施工中外界气温低,由于空气和容器的热传导,混凝土在搅拌、运输和浇筑过程中应该注意加强保温,防止热量损失过大。

1)混凝土的搅拌

冬期施工时,为了加强搅拌效果,应该选择强制式搅拌机。为确保混凝土的质量,还必须确定适宜的搅拌制度。冬期搅拌混凝土的合理投料顺序应与材料加热条件相适应。一般是先投入骨料和加热的水,待搅拌一定时间后,水温降低到40℃左右时,再投入水泥继续搅拌到规定时间,要绝对避免水泥"假凝",投料量要与搅拌机的规格、容量相匹配,在任何情况下均不宜超载。搅拌时间与搅拌机的类型、容量、骨料的品种、粒径、干湿度、外加剂的种类、原材料的温度以及混凝土的坍落度有关,为满足各组成材料间的热平衡,冬期拌制混凝土的时间可适当延长。拌制有外加剂的混凝土时,搅拌时间应取常温搅拌时间的 1.5 倍。

对搅拌好的混凝土,应经常检查其温度及和易性,若有较大差异,应检查材料加热温度、投料顺序或骨料含水率是否有误,以便及时调整。

2)混凝土的运输

混凝土的运输时间和距离应保证混凝土不离析,不丧失塑性,尽量减少混凝土在运输过程中的热量损失,缩短运输路线,减少装卸和转运次数;使用大容积的运输工具,并经常清理,保持干净;运输的容器四周必须加保温套和保温盖,尽量缩短装卸操作时间。

3)混凝土的浇筑

混凝土在浇筑前会对各项保温措施进行一次全面的检查,应该清掉模板和钢

筋上的冰雪和污垢,尽量要加快混凝土的浇筑速度,以防止热量散失过多。混凝土拌和的出机温度不能低于 10℃,入模温度不得低于 5℃,混凝土养护前的温度不得低于 2℃。在制定浇筑方案的时候,首先应该考虑集中浇筑,不要分散浇筑,另外在浇筑的过程中工作面尽量缩小,减少散热面;采用机械振捣,振捣的时间要比常温的时间要长,尽量要提高混凝土的密实度;保温材料一边浇一边盖,保证有足够的厚度,互相搭接的衔接处尽可能提高混凝土的密实度;保温材料随浇随盖,保证有足够的厚度,互相搭接之处应当特别严密,防止出现孔洞或空隙缝,以免空气进入,造成质量事故。

加热养护整体式结构时,施工缝的位置应设置在温度应力较小处。加热温度超过 40℃时,由于温度高,势必在结构内部产生温度应力。因此,在施工前应征求设计单位的意见,确定跨内施工缝设置的位置。留施工缝处,在混凝土终凝后立即用 3~5kPa 的气流吹除结合面上的水泥膜、污水和松动石子。继续浇筑时,为使新老混凝土牢固结合,不产生裂缝,要对旧混凝土表面进行加热,使其温度和新浇筑混凝土的入模温度相同。

为保证新浇的混凝土与钢筋的可靠黏结,当气温在 -15℃ 以下时,直径大于 25mm 的钢筋与预埋件,可喷热风加热至 5℃,并清除钢筋上的污土和锈渣。

冬期不得在强冻胀性地基上浇筑混凝土,这种土冻胀变形大,如果地基土遭冻必然引起混凝土的变形并影响其强度。在弱冻胀性地基上浇筑时,应采取保温措施,以免遭冻。

开始浇筑混凝土时,要做好测温工作,从原材料加热直至拆除保温材料为止,对混凝土出机温度、运输过程的温度、入模时的温度以及保温过程的温度都要经常测量,每天至少测量 4 次,并做好记录。在施工过程中,要经常与气象部门联系,掌握每天气温情况,如有气温变化,要加强保温措施。

3.4.3　混凝土冬期施工方法的选择

混凝土冬期施工方法总共有 3 类:混凝土养护期间加热的方法、不加热的方法以及综合方法。

混凝土养护期间加热的方法主要有电热法、蒸汽加热法以及暖棚法。

混凝土养护期间不加热的方法主要有蓄热法、掺化学外加剂法。

综合方法显而易见就是把两种方法综合起来的应用,如目前最常用的综合蓄热法,即在蓄热法基础上掺加外加剂(早强剂或防冻剂),或进行短时加热等综合措施。

混凝土冬期施工方法是保证混凝土在硬化过程中,为避免早期受冻所采用的综合措施。要考虑自然气温、结构类型和特点、原材料、工期限制、能源条件和经济指标。对工期不紧和无特殊限制的工程,从节约能源和降低冬期施工费用考虑,应优先选用养护期间不加热的施工方法或综合方法;在工期紧、施工条件不允许时才考虑选用混凝土养护期间加热的方法,一般要经过技术经济比较确定。一个理想的冬期施工方案应该是用最低的冬期施工费用,在最短的施工期限内,获得优良的施工质量。

3.5　钢筋混凝土工程施工案例

3.5.1　某单层工业厂房杯形基础施工

杯形基础的施工步骤一般是:放线、支下阶模板、安放钢筋网片、支上阶模板及杯口模、浇捣混凝土、修整养护等。

放线、支模、绑扎钢筋按照一般方法做,浇筑混凝土按照以下施工程序进行:

(1)整个杯形基础要一次性浇筑完成,不允许留有施工缝隙。混凝土分层浇灌的一般厚度要保持在 25～30cm,并应凑合在基础台阶变化部位。每层混凝土要一次浇够、浇满,再配合拉耙或铁锹拉平,顺平。一般要按照先边角后中间的顺序。放材料的时候,锹背应该朝着模板的方向,使模板侧面砂浆充足;浇至表面时锹背应向上。

(2)混凝土振捣的时候应该插入振动器,每次振捣的时间约为 20～30s。插点布置宜为行列式。当浇捣到斜坡时,为减少或避免下阶混凝落入基坑,四周 20cm 范围内可不必摊铺,振捣时如有下落可随时补加。

(3)为了避免台阶交角处出现“吊脚”现象(上阶与下阶混凝土脱空),可采取以下方法:

在下阶混凝土浇筑下降 2～3cm 后暂不填平,继续浇筑上阶。先用铁锹沿上阶模底图做混凝土内、外坡,然后再浇上阶,外坡混凝土在上阶振捣过程中自动摊平,等到上阶混凝土浇筑完成后,再将下阶混凝土侧模上口拍实抹平,如图 3-13(a)所示。

捣完下阶混凝土后拍平表面,在下阶侧模外先浇上 20cm×10cm 的压角混凝土并加以捣实,再继续浇捣上阶,待压角混凝土接近初凝时,将其铲掉重新搅拌利用,如图 3-13(b)所示。

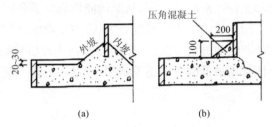

图 3-13　杯形基础台阶交角处施工

(4)为了保证杯形基础杯口底标高的正确,应该先将杯口混凝土振实,再捣杯口模四周外的混凝土,振捣时间尽可能缩短,并应两侧对称浇捣,以免将杯口模挤向一侧或使杯口模上升。

本工程中的高杯口基础可采用后安装杯口模的方法,即当混凝土浇捣到接近杯口底时,再安装杯口模,然后继续浇捣。

(5)基础混凝土浇筑完成后,接下来要完成的工作是铲填、抹光。铲填就是从低处向高处进行,要铲高填低,并用直尺检验斜坡是否准确,坡面如果不平整,就要立即修整,直至修整到符合要求为止。再接着就要用铁抹子把表面抹平,抹整,看到有凸起的石子就要拍平,然后按照从高到低加以压光。这样持续边拍边抹,如果局部砂浆不足,应随时补浆。

为了提高杯口模的周转率,可在混凝土初凝后终凝前将杯口模拔出,待混凝土强度达到设计标准 25%时,即可拆除侧模。

(6)本基础工程采用自然养护方法,严格执行硅酸盐水泥拌制的混凝土的养护洒水规定。

3.5.2　钢筋混凝土梁模板拆除

有一根 6m 长钢筋混凝土简支梁,用 425 号普通硅酸盐水泥,混凝土标号为C20,室外平均气温为 20℃,为加快工程进度,试确定侧模、底模的最短拆除时间。

侧模为不承重模板,当混凝土强度能保证其表面及棱角不因拆除模板而受损坏时,才能拆除侧模板。查温度、龄期对混凝土强度影响曲线,可知当室外气温为20℃,用 425 号普通硅酸盐水泥,混凝土强度达到设计标准 25%强度的时间为终凝后 24h,即为拆除侧模的最短时间。拆模时不要用力过猛,不要敲打振动整个梁模板。

　　底模为承重模板,跨度小于 8m 的梁底模拆除时间是当混凝土强度达到设计标准的 70％时。为了核准混凝土强度值,在浇捣梁混凝土时就应留出试块,与梁同条件养护,然后查温度、龄期、强度曲线,知其达到 70％设计强度需 7 昼夜。此时将试块送试验室试压,如果结果达到或超过设计强度的 70％时,即可拆除底模。对于重要结构和施工时受到其他影响的底模,其拆除时间应由试块试压结果确定。一般在养护期室外温度变化不大,查温度、龄期、强度曲线即可确定底模拆除时间。本例梁底模拆除最短时间为混凝土终凝后 7 昼夜。

第 4 章 屋面及防水工程施工技术与管理研究

在土木工程中,防水工程处于非常重要的地位,与建筑物及构筑物的寿命、使用环境及卫生条件等息息相关。屋面防水工程主要是为了防止水从屋面渗入建筑物所采取的一系列结构构造和建筑措施。这里所说的水既包括雨水,又包括人为因素产生的水。本章针对屋面及防水工程施工技术与管理进行研究,内容涉及屋面防水工程、地下防水工程、室内其他部位防水工程以及屋面防水工程施工案例。

4.1 屋面防水工程

4.1.1 屋面及其种类

在建筑物中,屋面是顶部结构,主要目的在于阻挡风吹日晒和雨雪等对建筑物的侵蚀,其需要具备的功能有防水、保温、隔热等。建筑物地理位置和类型的不同对屋面的要求也是具有差异的,所以,产生了多样化的屋面构造形式。卷材防水屋面、涂膜防水屋面是较为常见的屋面。下面针对这两种类型进行具体阐释。

卷材防水屋面是指采用粘结胶粘贴卷材或采用带底面粘结胶的卷材进行防水的屋面,既可以使用热熔,也可以使用冷粘贴固定于屋面基层,其典型构造层次如图 4-1 所示,应该在具体设计要求的基础之上确定具体构造层次。

具体而言,卷材防水屋面施工方法主要有以下几种:第一,有采用胶粘剂进行卷材与基层及卷材与卷材搭接粘结的方法;第二,利用卷材底面热熔胶热熔粘贴的方法;第三,利用卷材底面自粘胶粘结的方法;第四,采用冷胶粘贴或机械固定方法将卷材固定于基层、卷材间搭接采用焊接的方法等。

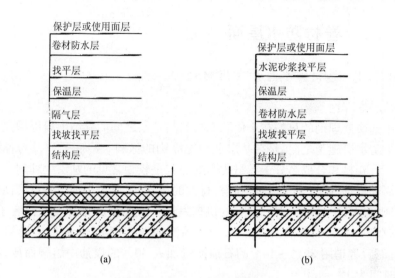

图 4-1　卷材防水屋面构造层次

（a）正置式屋面　（b）倒置式屋面

涂膜防水屋面是将防水涂料涂刷在屋面基层上,经固化后形成一层有一定厚度和弹性的整体涂膜,进而实现防水的功能。涂膜防水屋面的典型构造层次如图 4-2 所示。具体来说,应该依据设计的具体要求确定施工的层次。

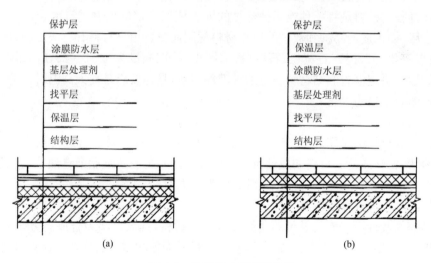

图 4-2　涂膜防水屋面的构造

（a）正置式涂膜屋面　（b）倒置式涂膜屋面

4.1.2 卷材防水屋面

4.1.2.1 卷材防水屋面常用材料

1)基层处理剂

使用基层处理剂的目的在于使防水材料与基层之间的黏结力得以增强。它主要运用于防水层施工之前,是在基层上预先涂刷的涂料。冷底子油及与各种高聚物改性沥青卷材和合成高分子卷材配套的底胶是较为常见的基层处理剂。在对基层处理剂进行选择时,要考虑其与卷材材性的相容性,避免出现与卷材腐蚀或粘接不良的现象。其中,冷底子分为两种:快挥发性冷底子油和慢挥发性冷底子油,前者是用30%～40%的石油沥青加入70%的汽油混合而成,涂刷后干燥的时间为5～10h;而后者是用30%～40%的石油沥青加入60%的煤油中熔融而成,涂刷后干燥的时间为12～48h。

2)胶黏剂

一般来讲,胶黏剂可以分为两种类型:基层与卷材粘贴的胶黏剂及卷材与卷材搭接的胶黏剂。此外,依据胶黏剂构成材料的差异又可以分为两种:改性沥青胶黏剂和合成高分子胶黏剂。

3)沥青胶结材料(玛琋脂)

沥青胶结材料是将一种或两种标号的沥青依据一定的比例进行混合,在熬制脱水之后,掺入适当品种和数量的填充材料配制而成。填充材料有石灰石粉、白云石粉、滑石粉、云母粉、石英粉、石棉粉、木屑粉等,填充量为10%～25%。耐热度与柔韧性是决定沥青胶结材料质量的关键性因素,具体要求是夏天高温时不流淌,冬季低温时不硬脆。

4)沥青卷材

沥青卷材指的是用原纸、纤维织物、纤维毡等胎体材料对沥青进行浸涂,表面撒布粉状、粒状或片状材料制成的可卷曲的片状防水材料。纸胎沥青油毡、玻璃纤维胎沥青油毡和麻布胎沥青油毡是常见的沥青卷材。

5)高聚物改性沥青卷材

高聚物改性沥青卷材是可卷曲的片状防水材料,其涂盖层为合成高分子聚合物改性沥青,胎体为纤维织物或纤维毡,覆盖材料为粉状、粒状、片状或薄膜材料。

4.1.2.2　结构层、找平层施工

1)结构层要求

一般来讲,钢筋混凝土结构是层面结构的主要形式,分为预制钢筋混凝土板和整体现浇细石混凝土板。钢筋混凝土结构的具体要求为板安置平稳,用细石混凝土嵌填在板缝之间使其更加密实。对于较宽的板缝而言,首先要在板下设吊模补放钢筋,之后再用细石混凝土进行浇注。

2)找平层施工

保持卷材铺贴的平整、牢固是找平层的主要功能。具体而言,找平层的要求有以下几个方面:第一,必须保持清洁、干燥,平整,没有松动、起壳和翻砂现象。卷材屋面防水层质量受到找平层表面光滑度、平整度的影响。第二,作为防水层的直接基层,且要求强度达到 $5N/mm^2$ 以上时才允许铺贴屋面卷材防水层。第三,为了方便油毡的铺贴,在墙、檐口、天沟等转角处均应做出小圆角。

一般而言,水泥砂浆、细石混凝土或沥青砂浆是找平层施工主要的材料。在冬季、雨季时适合使用沥青砂浆,有困难和抢工期时则采用水泥砂浆。

4.1.2.3　隔气层、保温层施工

1)隔气层施工

防止来自下面的蒸汽上渗,进而使保温材料保持干燥的状态是隔气层的主要作用。具体而言,涂一层沥青胶和铺一毡二油是隔气层的两种具体做法。

2)保温层施工

保温层可分为3种类型:松散材料保温层、板状保温层及整体保温层。一般来讲,房屋都设置保温层,其主要作用在于冬季防寒、夏季防热。平整、干燥、干净且含水率在设计要求的范围之内是对铺贴松散材料保温层的基层的具体要求。在具体施工的过程中,材料的密实度、热导率必须与具体的设计要求相符合,且要对其质量进行检验,看其是否符合标准。

4.1.2.4　防水层的施工

在防水层施工之前,必要的准备工作是刷干净油毡上的滑石粉或云母片,其目的在于使油毡与沥青胶的黏结能力得以增强,并将防火安全工作做好。

一般来讲,卷材铺贴有以下几种方法及具体要求:

第一,在完成屋面其他工程的施工之后才能够进行卷材防水层施工。

第二,在对有多跨和有高低跨的房屋进行铺贴时,铺贴的顺序为从高到低、从

远到近。

第三,在铺贴单跨房屋时,首先应该对排水比较集中的部位进行铺贴,之后铺贴的顺序则要依据标高先低后高。坡面与立面的卷材的铺贴应该由下向上,使卷材按流水方向搭接。

(4)一般而言,屋面坡度决定了铺贴的方向。当坡度在3‰以内时,卷材铺贴的方向应该与屋脊方向保持平行;当坡度处于3‰～15‰时,卷材的铺贴方向可依据当地的实际情况而定,或与屋脊平行,或与屋脊垂直,以保证卷材的稳定,不溜滑。

(5)在铺贴平行于屋脊的卷材时,长边搭接大于等于70mm;短边搭接平屋面不应小于100mm,坡屋面不应小于150mm,相邻两幅卷材短边接缝应错开大于等于500mm;上下两层卷材应错开1/3或1/2幅宽。

(6)在对平行于屋脊的搭接缝进行搭接时,应该顺着流水的方向;在对垂直屋脊的搭接缝进行搭接时,应该顺着最大频率风向(主导风向)。

(7)在对上下两层卷材进行铺贴时不适宜相互垂直。

(8)以下两种情况应该避免短边搭接:坡度超过25‰的拱形屋面和天窗下的坡面上。如果必须要使用短边搭接,在搭接处要采取一定的措施以达到防止卷材下滑的目的。

4.1.2.5 卷材保护层的施工

在铺贴完卷材并检验合格之后,才能对保护层进行施工,以达到保护防水层免受损伤的目的。保护层的施工质量在很大程度上会影响防水层使用的年限,因此,必须予以高度重视。通常主要的方式有以下几种:

1)绿豆砂保护层

在沥青卷材防水屋面中主要采用的是绿豆砂保护层。绿豆砂材料的优点在于具有低廉的价格,能在一定程度上保护沥青卷材,并降低其辐射热。所以,绿豆砂保护层广泛应用于非上人沥青卷材屋面中。

在绿豆砂保护层进行具体施工时,首先应该将沥青玛琋脂涂刷在卷材表面,并趁热将粒径为3～5mm的绿豆砂(或人工砂)撒铺在表面。具体而言,需要注意的有以下两个方面:第一,绿豆砂在使用之前必须经过严格的筛选,颗粒要均匀,且需要用水冲洗干净。第二,在铺贴绿豆砂时,需要在铁板上预先加热干燥(温度为130℃～150℃),且铺撒的绿豆砂要均匀,以便与沥青玛琋脂牢固地结合在一起。

在对绿豆砂进行铺贴时,需要三个人共同完成,其中,一个人对玛琋脂进行涂刷,另一个人趁热铺撒绿豆砂,第三个的主要任务是用扫帚扫平或用刮板刮平。之后,用软辊轻轻滚一遍,使砂粒嵌入玛琋脂。需要注意的是,为了避免将油毡刺破,在滚压过程中要用力恰当。对绿豆砂的铺贴应该与屋脊方向保持一致,顺卷材的接缝全面向前推进。

由于不同区域地理环境的差异,因此,在对绿豆砂进行选择时,要依据实际情况选择粒径不同的颗粒。对于降雨量较大的地区,适宜采用粒径为 6～10mm 的小豆石,原因在于如果绿豆砂的颗粒较小,容易被大雨冲刷,使出水口堵塞。

2)细砂、云母及蛭石保护层

非上人屋面的涂膜防水层的保护层常采用细砂、云母或蛭石。需要注意的是,在具体使用之前,要将粉料筛除。

3)预制板块保护层

砂或水泥砂浆可以应用于预制板块保护层的结合层。铺砌板块之前,应该先以排水坡度要求为依据进行挂线,以达到保护层铺砌的块体横平竖直的目的。

4)水泥砂浆保护层

对于隔离层而言,应该设置在水泥砂浆保护层与防水层之间。一般来讲,保护层用的水泥砂浆配合比(体积比)为水泥:砂=1:(2.5～3)。

在对保护层进行施工之前,应该在具体结构情况的基础上利用木模每隔 4～6m 设置纵横分格缝。在铺水泥砂浆的过程中,应该做到一边铺一边拍实,并使用刮尺使其保持平整,之后需要压出间距不大于 1m 的表面分格缝,工具是直径为 8～10mm 的钢筋或麻绳。使用铁抹子压光保护层是最终凝固之前必须完成的工作。对保护层的要求是平整,且排水坡度与具体的设计要求相符合。

5)细石混凝土保护层

使用细石混凝土对保护层进行整体浇筑之前,要先将隔离层铺在防水层上,如果有具体的设计要求,就要依据具体的设计要求设置分格缝木模;如果没有具体的设计要求,通常来讲,每格面积不大于 36m², 分格缝宽度为 20mm。尤其需要注意的是,在对一个分格内的混凝土进行浇筑时要具有连续性,不能留有施工缝。

4.1.3　涂膜防水屋面

4.1.3.1　涂膜防水屋面常用材料

1)防水涂料

防水材料是一种流态或半流态物质,涂刷于基层表面后经溶剂(或水)的挥发,或各组分之间的化学反应形成有一定厚度的弹性薄膜,进而隔绝表面与水,达到防水与防潮的目的。

高聚物改性沥青防水涂料,合成高分子防水涂料以及聚合物水泥防水涂料是较为常见的防水材料。下面针对这 3 种防水材料进行具体阐释。

(1)高聚物改性沥青防水涂料。这是一种薄质型防水涂料,基料是沥青,加入改性材料合成高分子聚合物,配制成的水乳型或溶剂型防水涂料。氯丁胶乳沥青防水涂料,SBS 改性沥青防水涂料、APP 改性沥青防水涂料等是高聚物改性沥青防水涂料的主要品种。

(2)合成高分子防水涂料。它的主要成膜物质是合成橡胶或合成树脂,将其他辅助材料加入其中的单组分或多组分的防水涂料。单组分(双组分)聚氨酯防水涂料、丙烯酸防水涂料、硅橡胶防水涂料、氯丁橡胶防水涂料等是合成高分子防水涂料的主要品种。

(3)聚合物水泥防水涂料。这是一种双组分防水涂料,由有机液料和无机粉料复合而成,优点在于具有较高的弹性和较好的耐久性。

2)密封材料

嵌缝油膏和聚氯乙烯胶泥是常见的密封材料。其中,嵌缝油膏的基料是石油沥青,将改性材料和其他填充料加入其中配制而成。沥青嵌缝油膏、沥青橡胶嵌缝油膏以及塑料嵌缝油膏是密封材料的主要品种。通常使用冷嵌对嵌缝油膏进行施工。

聚氯乙烯胶泥属于热塑型防水嵌缝材料,其成分主要为煤焦油、聚氯乙烯树脂和增塑剂、稳定剂、填充料等。一般来讲,聚氯乙烯胶泥采用现场配制,热灌施工。

4.1.3.2 涂膜防水屋面施工

涂膜防水屋面与卷材防水层具有相同的施工顺序,对结构层的处理同样是涂膜防水施工前必要可少的准备工作。需要注意的有以下几个方面:第一,在填充板缝时,在板端缝处还需要进行柔性密封处理。第二,就非保温屋面的板缝而言,应该留下和设置凹槽,且深度大于等于 20mm,并用油膏对嵌缝进行嵌填。清理干净板缝是油膏嵌填前必须要做的,之后用冷底子油涂满整个板缝,等待其干燥后,及时对板缝进行油膏嵌填,采用的方式既可以是冷嵌,也可以是热灌。油膏的覆盖宽度应超出板缝两边不少于 20mm。嵌缝后,应沿缝及时做好保护层。

涂膜防水屋面的保温层及基层与卷材防水屋面具有相同的处理方法。在涂刷完基层处理剂并干燥后才可以进行涂膜防水的施工。防水涂膜应分遍涂布,待涂布的涂料干燥成膜后,方可涂布后一遍涂料,前后两遍涂料应该保持涂料的方向。一般来讲,涂布时,首先要使涂料在屋面基层上分散开来,利用脚皮刮板对涂料进行刮涂,使其保持厚薄均匀一致、不露底、不存在气泡、表面平整的状态。而且应用防水涂料多遍涂刷或用密封材料封严涂膜防水层的收头处。

在对防水涂料进行施工的过程中,在开裂、渗水的部位应该增设加胎体增强材料作为附加层。聚酯无纺布和化纤无纺布是较为常用的胎体材料。在对胎体增强材料进行铺贴时,应该与屋脊铺设相垂直,且要从屋面最低处开始进而向上铺贴。

特别需要注意的是,在以下几种情况下不能进行施工:第一,在涂膜防水层在没有进行保护层施工之前,在防水层上不能进行施工,或是放置物品。第二,雨天或在涂层干燥结膜前可能下雨时,也不能施工;第三,在气温高于 35℃及日均气温在 5℃以下页不适宜施工。

4.2　地下防水工程

4.2.1　防水混凝土结构施工

防水混凝土是通过对混凝土的配合比进行调整或加入外加剂,使混凝土本身的密实性和抗渗性得以提高,使其有一定防水能力的整体式混凝土或钢筋混凝土。通常来讲,防水混凝土的抗渗等级不得小于 S6。普通防水混凝土和外加剂防水混凝土是较为常见的防水混凝土。加气剂防水混凝土、减水剂防水混凝土和三乙醇胺防水混凝土是较为常见的外加剂防水混凝土。

4.2.1.1　防水混凝土的材料要求

在对防水混凝土的水泥品种进行选择时,依据的是设计要求,对水泥的要求是:抗水性好、泌水小、水化热低并具有一定的抗腐蚀性,强度等级不应低于 32.5级。具体而言,在施工过程中有以下 3 种情况:

第一,在不受侵蚀性介质和冻融作用时,采用普通硅酸盐水泥、火山灰质硅酸盐水泥、粉煤灰硅酸盐水泥、矿渣硅酸盐水泥较为适宜。需要注意的是在矿渣硅酸盐水泥的具体使用过程中,必须要将高效减水剂掺入其中。

第二,在受侵蚀性介质作用时,水泥的选用应该依据介质的性质决定。

第三,在受冻融作用时,普通硅酸盐水泥是优先的选择,而火山灰质硅酸盐水泥和粉煤灰硅酸盐水泥是不适宜使用的。

此外,还应注意以下几方面的问题:第一,防水混凝土的砂采用中砂是较为适宜的,且要求不大于 3‰ 的含泥量。第二,石子最大粒径不宜大于 40mm,碱活性骨料不得使用。第三,应该采用不含有害物质的洁净水对混凝土进行搅拌。第四,应该依据工程的需要,经过试验确定减水剂、膨胀剂、防水剂、密实剂、引气剂、复合型外加剂等外加剂的品种和掺量。尤其需要注意的是,对于所有外加剂的质量必须要符合国家或行业标准一等品及以上的要求。如果要将粉煤灰掺入混凝土时,要求粉煤灰的级别不应低于二级,掺量不宜大于 20%,硅粉掺量不应大于 3%。第五,可以按照工程抗裂的具体需要将钢纤维或合成纤维掺入防水混凝土中,通常各类材料的总碱量在每立方米防水混凝土中不得大于 3kg。

4.2.1.2　防水混凝土的配合比要求

对于防水混凝土的配合比,具有以下规定:水泥用量不得少于 320kg/m³;掺有活性掺合料时,水泥用量不得少于 280kg/m³;砂率宜为 35%～40%,泵送时可增至 45%;灰砂比宜为 1:1.5～1:2.5;水灰比不得大于 0.55;普通防水混凝土坍落度不宜大于 50mm。

防水混凝土采用预拌混凝土时,入泵坍落度宜控制在 120±20mm,入泵前坍落度每小时损失值不应大于 30mm,坍落度总损失值不应大于 60mm;将引气剂或引气型减水剂掺入其中时,混凝土含气量应控制在 3%～5%;防水混凝土采用预拌混凝土时,6～8h 为较为适宜的缓凝时间。

4.2.1.3　防水混凝土施工

在防水混凝土施工的过程中,要求模板要平整、稳定、牢固,拼缝严密不漏浆。为了避免水沿缝隙渗入防水混凝土中,固定模板的螺栓和铁丝不宜从防水混凝土结构穿过。防水混凝土结构内部设置的各种钢筋或绑扎铁丝不得与模板接触。固定模板用的螺栓采用工具式螺栓或螺栓加堵头,螺栓上应加焊方形止水环。将模板拆除之后,为了使留下的凹槽封堵密实,必须加强防水措施,而且防水涂料适宜涂抹在迎水面,具体做法如图 4-3 所示。

为了使防水混凝土工程的质量得到保障,应严格按照施工验收规范和操作规程进行防水混凝土的配料、搅拌、运输、浇捣和养护。防水混凝土在具体的施工过程中,需要注意的是以下几方面:

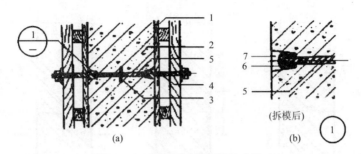

图 4-3 固定模板用螺栓的防水做法

1—模板 2—结构混凝土 3—止水环 4—工具式螺栓 5—固定模板用螺栓
6—嵌缝材料 7—聚合物水泥砂浆

第一，必须采用机械对拌合物进行搅拌，通常时间上不应小于 2min。但是，在有外加剂掺入防水混凝土中时，搅拌时间的确定由外加剂的技术要求决定。防水混凝土拌合物在运输后如果出现离析现象，必须再次进行搅拌；当坍落度损失后不能满足施工要求时，应加入原水灰比的水泥浆或掺加减水剂再次进行搅拌。但是不能将水直接加入其中。

第二，必须采用高频机械对防水混凝土进行振捣密实，通常 10～30s 是较为适宜的振捣时间，具体标准是混凝土泛浆和不冒气泡，应该尽量避免漏振、欠振和超振现象的出现。在将引气剂或引气型减水剂掺入其中时，防水混凝土的振捣应该采用高频插入式振捣器。

第三，防水混凝土的浇筑应该分层进行，每层厚度不宜超过 30～40cm，相临两层浇筑时间不应超过 2 小时。对混凝土进行浇筑时的自由下落高度不得超过 1.5m，如果超过了 1.5m 就需要使用串筒或溜槽。

第四，防水混凝土的浇筑应该具有连续性，宜少留施工缝。当留设施工缝时，应遵守以下规定：①在剪力与弯矩最大处或底板与侧墙的交接处不应该留设墙体水平施工缝，高出底板表面大于等于 300mm 的墙体上是较为适宜留设施工缝的位置；②在拱（板）墙接缝线以下 150～300mm 处适宜留设拱（板）墙结合的水平施工缝；③如果墙体有预留孔洞，则施工缝距孔洞边缘之间的距离不应该小于 300mm；④垂直施工缝的设置适宜与变形缝相结合（施工缝防水构造形式见图 4-4），要尽量避免设置在地下水和裂隙水较多的地段。

从图中可以看出，依据图 4-4(b) 的处理方式时，外贴止水带的长度 L≥150，外涂防水涂料和外抹防水砂浆宽度 L=200；采用图 4-4(c) 的处理方式时，钢板止水带长度 L≥100，橡胶止水带长度 L≥125，钢边橡胶止水带长度 L≥120。

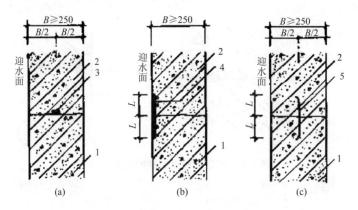

图 4-4 施工缝防水构造形式

1—先浇混凝土 2—后浇混凝土 3—遇水膨胀止水条 4—外贴防水层 5—中埋止水带

在施工缝上继续浇筑混凝土之前,首先将施工缝处的混凝土表面凿毛,对浮粒和杂物进行清理,用水冲洗干净,并保持湿润状态,之后再将厚度为 20～25mm 的水泥砂浆铺在上面,继续浇筑。浇筑时水泥砂浆所用材料和灰砂比与混凝土的材料和灰砂比应该保持一致。

在对大体积防水混凝土进行施工时,设计强度应为混凝土 60 天强度;采用低热或中热水泥,掺加粉煤灰、磨细矿渣粉等掺合料;掺入减水剂、缓凝剂、膨胀剂等外加剂。

如果施工时天气炎热,通常要采取一定的降温措施,如降低原材料温度、减少混凝土运输时吸收外界热量等。要在混凝土内部预先埋设管道,以使冷水散热;混凝土不仅要保温,而且要保湿,混凝土中心温度与表面温度的差值不应大于 25℃,混凝土表面温度与大气温度的差值不应大于 25℃。如果施工时天气寒冷,混凝土入模温度不应低于 5℃;其养护方法主要有综合蓄热法、蓄热法、暖棚法等,且要使混凝土表面保持湿润状态,避免混凝土出现早期脱水的状态。

4.2.2 水泥砂浆防水施工

所谓水泥砂浆防水层指的是用水泥砂浆、素灰(纯水泥浆)交替抹压涂刷四层或五层的多层抹面的泥砂浆防水层。其能够防水的原因在于分层闭合,构成一个多层整体防水层,且层的残留毛细孔道互相堵塞住,防止水分的渗透。

在基础垫层、初期支护、围护结构及内衬结构验收合格之后,才能够进行水泥砂浆防水层的施工,可用于结构主体的迎水面或背水面。普通水泥砂浆、聚合物水泥防水砂浆、掺外加剂或掺合料防水砂浆等是较为常用的水泥砂浆防水层,具体施工通常采用多层抹压法。

4.2.2.1　水泥砂浆防水层的材料要求

通常来讲,水泥砂浆防水层对材料的要求如下:第一,采用强度等级不低于32.5MPa 的普通硅酸盐水泥、硅酸盐水泥、特种水泥,过期或受潮结块水泥是坚决不能使用的。第二,砂宜采用中砂,含泥量不大于 1%,硫化物和硫酸盐含量不大于 1%。第三,对聚合物乳液的要求是外观应无颗粒、异物和凝固物,固体含量应大于 35%,一般选用专用产品。第四,外加剂的技术性能应该能够达到国家或行业产品标准一等品以上的质量要求。

依据工程的具体需要确定各种材料的配合比,其中,水泥砂浆的水灰比宜控制在 0.37～0.40 或 0.55～0.60 范围内。水泥砂浆灰砂比宜用 1:2.5,其水灰比为0.60～0.65 之间,稠度宜控制在 7～8cm。如掺外加剂或采用膨胀水泥时,应依据专门的技术规定决定其配合比。

4.2.2.2　泥砂浆防水层施工

对基层的处理是施工之前必不可少的环节,要求其表面平整、坚实、粗糙、清洁,并充分湿润、无积水。而且应该用与防水层相同的砂浆将基层表面的孔洞、缝隙堵塞抹平。防水砂浆层施工之前应该将预埋件、穿墙管预留凹槽内嵌填密封材料。

防水层的第一层,将素灰抹在基面上,厚度为 2mm,分为两次涂抹完成。第二层抹水泥砂浆,厚度为 4～5mm,在第一层初凝时抹上,以使两层之间的黏结得以增强。第三层抹素灰,厚度为 2mm,要在第二层凝固并有一定强度,表面适当洒水湿润后进行。第四层抹水泥砂浆,具体操作与第二层相同。如果采用的四层防水,那么第四层应该提浆压光;如果采用的是五层防水,第五层则应该再刷一遍水泥浆,并抹平压光。无论是四层防水还是五层防水,各层之间应该紧密贴合,且要连续施工。如果必须留茬时,采用阶梯坡形茬,依层次顺序操作,层与层之间的搭接要紧密。但是,需要注意的是离阴阳角处不得小于 200mm。

此外,泥砂浆防水层的施工会受到天气的影响。在雨天及 5 级以上大风天气中不适宜进行水泥砂浆防水层的施工。如果施工时处于冬季,气温不应低于 5℃,且基层表面温度应保持 0℃以上。如果施工时处于夏季,在 35℃以上或烈日照射下不适宜进行施工。

在普通水泥砂浆防水层终凝后,养护工作必须及时进行,具体要求为养护温度不宜低于5℃,养护时间不得少于14天,且养护期间应保持湿润。

值得注意的是,聚合物水泥砂浆防水层的聚合物水泥砂浆拌和后在使用时是具有时间限制的,一般要在1h内用完,施工中不得任意加水。防水层没有硬化之前,要避免浇水养护或直接受雨水冲刷,硬化后的养护应该采取干湿交替的方法。如果环境较为潮湿,养护可以在自然条件下进行。

4.2.3 卷材防水层施工

一般来讲,较为常用的防水处理方法之一就是地下室卷材防水,原因在于卷材防水层的韧性和延伸性,对侧压力、振动和变形具有一定的承受能力。沥青防水卷材、高聚物防水卷材和合成高分子防水卷材,利用胶结材料通过冷粘、热熔黏结等方法形成防水层是较为常用的卷材。在地下室卷材防水层施工过程中外防水法(卷材防水层粘贴在地下结构的迎水面)是采用的主要方法。对于外防水而言,可以分为外防外贴法和为外防内贴法,依据是保护墙施工先后及卷材铺贴位置的差异。

4.2.3.1 外防外贴法施工

所谓外防外贴法就是在垫层铺贴好底板卷材防水层后,对地下需要防水结构的混凝土底板与墙体进行施工,等拆除墙体侧模之后,在墙面上直接铺贴卷材防水层,如图4-5所示。

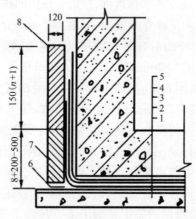

图4-5 外贴法

1—垫层 2—找平层 3—卷材防水层 4—保护层 5—构筑物
6—油毡 7—永久保护墙 8—临时性保护墙

具体来讲,外防外贴法的施工程序为以下几个步骤:第一步,要对需防水结构的底面混凝土垫层进行浇筑,并在垫层上砌筑部分永久性保护墙,将一层油毡干铺墙下,墙的高度一般大于等于 B＋200～500mm(B 为底板厚度)。第二步,在永久性保护墙上用石灰砂浆砌高度为 150mm×(油毡层数＋1)的临时保护墙。在永久性保护墙上和垫层上需要涂抹 1∶3 水泥砂浆找平层,通常采用石灰砂浆进行找平,等到找平层基本干燥后,要用冷底子油将其涂满,之后,在对立面和平面卷材防水层进行分层铺贴,并临时固定顶端。第三步,在完成了需防水结构施工之后,要揭开并清理干净临时固定的接茬部位的各层卷材,再将水泥砂浆找平层涂抹在此区段的外墙表面上,将冷底子油涂满找平层,在结构层面上将卷材分层错槎搭接向上铺贴,并及时做好防水层的保护结构。

4.2.3.2　外防内贴法施工

所谓外防内贴法就是指在垫层四周砌筑保护墙之后,在垫层和保护墙上铺贴卷材防水层,最后在对地下需防水结构的混凝土底板与墙体进行施工,如图 4-6 所示。

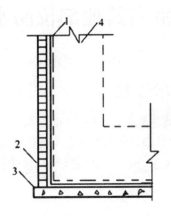

图 4-6　内贴法

1—卷材防水层　2—保护层　3—垫层　4—尚未施工的构筑物

具体来讲,外防外贴法的施工程序为以下几个步骤:第一步,对底板的垫层进行铺贴。在垫层四周砌筑永久性保护墙,之后将 1∶3 水泥砂浆找平层涂抹在垫层及保护墙上,待其基本干燥并满涂冷底子油,沿保护墙与底层对防水卷材进行铺贴。第二步,完成铺贴之后,将最后一层沥青胶涂刷在立面防水层上,趁热将干净的热砂或散麻丝粘上,等到冷却之后,立即将厚度为 10～20mm 1∶3 水泥砂浆找平层涂抹上。第三,将一层厚度为 30～50mm 的水泥砂浆或细石混凝土保护层铺设在平面上,之后,再进行防水结构的混凝土底板和墙体的施工。

卷材防水层的施工要求有以下几点:第一,铺贴卷材的基层表面必须牢固、平整、清洁和干燥。第二,阴阳角处均应做成圆弧或钝角。第三,在对卷材进行粘贴前,应该使用与卷材相容的基层处理剂满涂基层表面。第四,在对卷材进行铺贴时应该将胶结材料涂刷均匀。使用外贴法和内贴法对卷材进行铺贴时,铺贴的顺序存在着差异。使用外贴法时,铺贴顺序为先铺平面,后铺立面,平立面交接处应交叉搭接;使用外内贴法时,铺贴顺序为先铺立面,后铺平面。此外,在对立面卷材进行铺贴时,应先铺转角,后铺大面。一般来讲,对于卷材的搭接长度的要求为长边不应小于 100mm,短边不应小于 150mm,上下两层和相邻两幅卷材的接缝应相互错开 1/3 幅宽,避免相互垂直铺贴。卷材的接缝应该在立面和平面的转角处,在平面上距离立面大于等于 600mm 处最为合适。所有转角处均应铺贴附加层。卷材与基层和各层卷材间要黏结牢固,要将搭接缝密封好。

4.3 室内其他部位防水工程

4.3.1 外墙防水工程

建筑外墙防水防护所要达到的目的是防止雨水、雪水侵入墙体。如果外墙使用合理,且采取正常的维护措施,适宜进行墙面整体防水。此外,也可以采用节点构造防水措施应用于年降水量≥400mm 地区的其他建筑外墙。

4.3.1.1 外墙整体防水构造

砂浆防水层适宜设置分格缝,具体位置是墙体结构不同材料的交接处。水平分格缝适宜与窗口上沿或下沿保持平行和齐整;垂直分格缝间距不宜大于 6m,且宜与门、窗框两边线对齐。对于分格缝来讲,8～10mm 是较为适宜的宽度,且应该对密封材料对分格缝进行密封处理。但是需要注意的是,保温层的抗裂砂浆层兼作防水防护层时,防水防护层则不宜设置分格缝。

1)无外保温外墙的防水构造

(1)外墙采用涂料饰面时,在找平层和涂料饰面层之间应该设置防水层,可以采用普通防水砂浆。

（2）墙采用块材饰面时，防水层的位置应该在找平层和块材黏结层之间，普通防水砂浆是防水层采用的主要材料。

（3）外墙采用幕墙饰面时，防水层的位置应该位于找平层和幕墙饰面之间。普通防水砂浆、聚合物防水砂浆、聚合物水泥防水涂料、聚合物乳液防水涂料、聚氨酯防水涂料或防水透气膜是防水层采用的主要材料。

（4）防水防护层的最小厚度应符合表 4-1 的规定。

表 4-1　无外保温外墙的防水防护层最小厚度要求（mm）

墙体基层种类	饰面层种类	聚合物水泥防水砂浆		普通防水砂浆	防水涂料	防水饰面涂料
		干粉类	乳液类			
现浇混凝土	涂料	3	5	8	1.0	1.2
	面砖					
	幕墙				1.0	—
砌体	涂料	5	8	10	1.2	1.5
	面砖					
	干挂幕墙				1.2	—

2）外保温外墙的防水构造

（1）采用涂料饰面时，可以将聚合物水泥防水砂浆或普通防水砂浆应用于防水层。如果保温层的抗裂砂浆层能够达到聚合物水泥防水砂浆性能指标要求，就可以同时发挥防水防护层的作用。通常，防水层设置在保温层和涂料饰面之间，乳液聚合物防水砂浆厚度不应小于 5mm，干粉聚合物防水砂浆厚度不应小于 3mm。

（2）采用块材饰面时，适宜将聚合物水泥防水砂浆应用于防水层之中，厚度与本条第（1）项的规定一致。如果保温层的抗裂砂浆层达到聚合物水泥防水砂浆性能指标要求，可兼作防水防护层。

（3）采用幕墙饰面时，防水层的位置应该处于找平层和幕墙饰面之间（见图 4-7），聚合物水泥防水砂浆、聚合物水泥防水涂料、聚合物乳液防水涂料、聚氨酯防水涂料或防水透气膜是防水层较为适宜采用的材料。对于防水砂浆厚度要求与第（1）项的规定是一样的，防水涂料应该保持小于 1.0mm 的厚度。如果外墙保温层选择的保温材料是矿物棉，防水透气膜则较为适宜应用于防水层中。

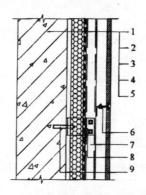

图 4-7　幕墙饰面外保温外墙防水构造

1—结构墙体　2—找平层　3—保温层　4—防水层　5—面板
6—挂件　7—竖向龙骨　8—连接件　9—锚栓

（4）聚合物水泥防水砂浆防水层中应增设耐碱玻纤网格布或热镀锌钢丝网增强，并应用锚栓固定于结构墙体中（见图 4-8）。

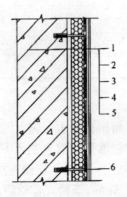

图 4-8　抗裂砂浆层兼作防水层的外墙防水构造

1—结构墙体　2—找平层　3—保温层　4—防水抗裂层　5—装饰面层　6—锚栓

3）外墙饰面层防水构造

（1）防水砂浆饰面层应该依据建筑层高设置分格缝，但是，需要注意的是，分格缝间不应大于 6m；8～10mm 为较为适宜的缝宽。

（2）面砖饰面层适宜留设宽度为 5～8mm 的块材接缝，在对接缝进行填充时，可以采用聚合物水泥防水砂浆。

（3）在对防水饰面进行涂刷时要均匀，应该依据具体的工程与材料确定涂层的厚度,但是一般来讲不得小于 1.5mm。

(4)要将上部结构与地下墙体交接部位的防水层应与地下墙体防水层搭接在一起,搭接长度不应小于 150mm,且应用密封材料封严防水层的收头(见图 4-9)。对于有保温的地下室外墙防水防护层,应该与保温层的深度相一致。

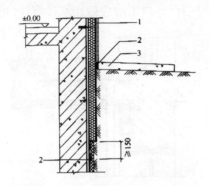

图 4-9　与散水交接部位防水防护构造
1—外墙防水层　2—密封材料　3—室外地坪(散水)

4.3.1.2　外墙细部防水构造

1)门窗

在填空门窗框与墙体间的缝隙时,通常适宜采用聚合物水泥防水砂浆或发泡聚氨酯的材料。门窗框也应该做好防水工作,且与门窗框间应预留凹槽,将密封材料嵌填其中。此外,门窗上楣的外口应做滴水处理;外窗台应该设置外排水坡度,坡度大于等于 5%(见图 4-10)。

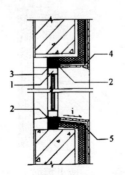

图 4-10　门窗框防水防护立剖面构造
1—窗框　2—密封材料　3—发泡聚氨酯填充　4—滴水线　5—外墙防水层

2)雨篷、阳台

雨篷应该设置外排水坡度,坡度大于等于1%,外口下沿应做滴水线处理;雨篷与外墙交接处的防水层应连续;雨篷防水层应沿外口下翻至滴水部位。

不封闭阳台应向水落口设置排水坡度,坡度大于等于1%,且应该用密封材料对水落口周围留槽嵌填。阳台外口下沿应做滴水线设计(见图4-11)。

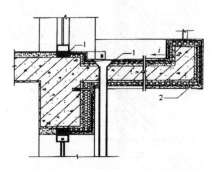

图 4-11　雨篷、阳台防水防护构造
1—密封材料　2—滴水线

3)女儿墙压顶

一般来讲,适宜采用现浇钢筋混凝土或金属对女儿墙进行压顶,且应该向内找坡,坡度不应小于2%。当压顶材料采用混凝土时,外墙防水层应上翻直到压顶的位置,是以适宜采用防水砂浆作为内侧的滴水部位防水层的材料(见图4-12)。当压顶材料采用金属时,防水层应做到压顶的顶部,采用专用金属配件对金属压顶进行固定。

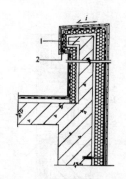

图 4-12　女儿墙防水构造
1—混凝土压顶　2—防水砂浆

4.3.1.3　外墙防水施工

1)外墙防水砂浆施工

(1)在防水砂浆达设计强度的 80％后才能进行砂浆防水层分格缝的密封处理。需要注意的是,在密封之前,应该清理干净分格缝,嵌填密封材料要密实。

(2)砂浆防水层转角适宜抹成半径大于等于 5mm 的圆弧形,转角抹压应顺直。

(3)门框、窗框、管道、预埋件等与防水层相接处应该设置凹槽,宽度一般为 8～10mm,并对其进行密封处理。

2)外墙保温层的抗裂砂浆层施工

(1)应该依据设计的要求决定抗裂砂浆层的厚度、配比。尤其是要将纤维等抗裂材料掺入其中时,应依据设计的要求决定具体的配比,并均匀搅拌。

(2)当将有机保温材料应用于外墙保温层时,在对抗裂砂浆进行施工时首先应该对界面进行涂刮,对材料进行处理,之后在对抗裂砂浆进行分层抹压。

(3)耐碱玻纤网格布或金属网片适宜设置在抗裂砂浆层的中间。其中,金属网片应该牢固的固定在墙体结构上,而在对玻纤网格布进行铺贴时,应该保持平整,避免出现褶皱,大于等于 50mm 是两幅间搭接的适宜宽度。

(4)在涂抹抗裂砂浆时,应该平整、压实,避免出现接茬印痕。防水层为防水砂浆时,抗裂砂浆表面应搓毛。

(5)保湿养护是在抗裂砂浆终凝之后进行的。防水砂浆适宜的养护时间不少于 14 天。需要注意的是,要避免在养护期间受冻。

4.3.2　厨房、卫生间防水工程

厨房和卫生间防水工程要对排水和防水都予以重视。其中,对于卫生间防水工程而言,防水层和室内排水的要求都较高。而对于厨房来讲,通常排水是防水工程的重点。实践证明,在目前常见的防水事故中,相较于其他防水工程,发生厨房、卫生间的防水事故的频率更高。所以,厨房、卫生间防水工程的施工必须严格按照设计要求和规范进行。

4.3.2.1　厨房、卫生间的地面构造

卫生间的施工和维修具有很大的难度,原因在于空间小、管道多。在具体的施工过程中,需要注意几方面的问题:第一,通常采用加胎体增强材料的涂膜防水,以满足较好的防水要求和防水结构的耐久性要求。第二,防水层必须向排水管方向

设置找坡层,以便于厕浴间积水的排出。

相较于厕浴间来讲,厨房的防水要求要低一些。在厨房中,排水是防水的重点所在。所以,在厨房防水施工过程中,地面以及用水器具的排水处理是需要重点关注的。当前,大多数都采用涂膜防水进行厨房的地面防水工程。常见的厨房和卫生间地面构造如图 4-13 所示。

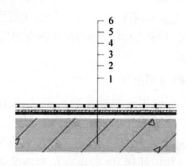

图 4-13　厨房、卫生间地面构造
1—结构层　2—找平层　3—带胎体材料的防水层　4—找坡层　5—找平层　6—陶瓷饰面砖

卫生间和厨房的防水工程与其他防水工程相比较,不同之处在于:具有较小且分散的施工面积,具有较多的外角、内角、立管等,具有较大的维修和施工难度,且在使用过程中更容易出现问题。所以,对于工程的具体实施来说,要高度重视卫生间和厨房防水工程的不同之处。为了确保没有漏水的情况出现,在完成了卫生间和厨房防水工程之后,进行蓄水试验就是必不可少的环节。

4.3.2.2　厨房、卫生间防水施工

1)厨房、卫生间常用防水材料

(1)主体材料。聚氨酯防水涂料,氯丁胶防水涂料、硅橡胶防水涂料等是厕浴间与厨房防水工程中较为常用的防水涂料。其中,氯丁胶乳沥青防水涂料是将聚氯乙烯乳状液与乳化石油沥青按照一定的比例进行混合乳化后形成的水乳型防水涂料,呈现出来的颜色是深棕色。SBS 橡胶改性沥青防水材料是一种水乳型弹性沥青防水涂料,主要原料为沥青、橡胶、合成树脂。氯丁胶乳沥青防水涂料和 SBS 橡胶改性沥青防水涂料必须经复试合格之后才能使用。

(2)主要辅助材料。为了使厕浴间防水的胎体得以增强,常使用玻璃纤维布作为附加的材料。如果没有特殊的设计要求,中碱涂膜玻璃纤维布或无纺布是较为常用的材料。除此之外,应该选用直径 2mm 左右的砂粒,含泥量不大于 1%,适宜

选用32.5级硅酸盐水泥、普通硅酸盐水泥或矿渣硅酸盐水泥。

2)厨房、卫生间防水施工

(1)基层处理。卫生间的楼面结构层应采用现浇混凝土或整块预制混凝土板，其混凝土的强度等级不应低于C30，通常采用芯模留孔的方法对楼面上的孔洞进行施工。楼面结构层四周支承处除门洞外，应设置向上翻的高度不应小于120mm，宽度不应小于100mm的边梁。

卫生间找平层的厚度大约为20mm，通常采用1:3水泥砂浆进行找平，应向地漏处找2%排水坡度，地漏处坡度为3%～5%，应该避免积水现象的出现。对于找平层来说，应平整坚实，所有转角应做成半径为10mm的均匀一致的平滑小圆角。对于处理好的基层的要求是平整密实，避免出现酥松、起砂的现象。如果出现裂缝应该首先对有渗漏的部位进行修补和找平，之后再进行防水层的施工。

防水工程的具体实施必须在贯穿厨房和卫生间地面及楼面的所有立管、套管施工完毕，固定牢固并经过验收合格，且用豆石混凝土填满管周围缝隙之后才可进行。

(2)防水施工。一般来讲，地面防水、墙面防水、穿板管道防水、地漏防水以及用水器具防水等多个子工程都包括在厨房和卫生间防水工程的范围之内。其中，地面防水、墙面防水与采用加胎体增强材料的涂膜防水施工方法的地下防水处理方法是相同的。需要引起注意的是，与地面面层相比，厕浴间地面防水层四周应该高出250mm，墙面的防水层高度大于等于1800mm，浴盆临墙防水层高度应超过浴盆400mm。

管道的防水处理是厨房和卫生间防水工程的需要特别注意的。防水材料的铺设在穿过楼面管道四周时应该沿着向上的方向，高于套管上口。而在与墙面贴近之处，防水材料的铺设应该依据设计的高度沿着向上的方向。在确定了穿过楼板管件的具体位置之后，要使用掺膨胀剂的豆石混凝土对管道孔洞、套管周围的缝隙进行浇筑，使其严实不留缝隙。如果是较大的孔洞，应采用吊底模浇灌，用密封材料将管根处封闭起来，沿着向上的方向刮涂30～50mm(见图4-14)。

在对阴阳角和突出基面结构连接处进行处理时，应做成半径大于等于20mm的圆弧或钝角，且应该增加铺涂防水材料。具体可依据工程情况及使用的标准来选择防水材料。变形缝、施工缝和新旧结构接头处应沿缝隙剔成凹槽，宽度和深度大约为30～50mm，沿凹槽两侧将表面尽可能凿成锯齿状，并用清水冲洗，然后将缝隙用嵌缝材料填充严实。之后再涂刷一遍防水涂料，随之铺贴一层无纺布，再用防水涂料在布上涂刷一遍。

地漏的防水处理也是厨房和卫生间的防水施工需要引起重视的。常见的地漏防水处理如图 4-15 所示。

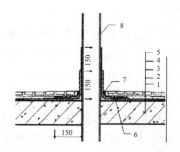

图 4-14 厕浴间穿板管道防水处理

1—结构层 2—找坡层 3—防水层 4—保护层 5—面层

6—附加材料层 7—密封材料 8—细石混凝土

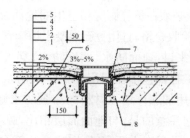

图 4-15 厕浴间地漏的防水处理

1—结构层 2—找坡层 3—防水层 4—保护层 5—面层

6—附加材料层 7—密封材料 8—细石混凝土

用水器具的安放需要注意以下几方面:第一,安放位置准确、平稳。第二,必须用高档密封材料密封用水器具的周围,在两种材料接合处,必须加软垫,用聚氨酯嵌缝材料封闭严实。第三,在对坐便器进行安装打孔时,不能将防水层打透。

(3)蓄水试验与面层处理。蓄水试验要在防水层工程完成之后才能进行,灌水高度应达到找坡最高点水位 20mm 以上,蓄水时间不小于 24h。如果出现渗漏,要先对其进行修补,之后再进行蓄水试验,不出现渗透才合格。

此外,在蓄水试验合格后,防水层实干后,需要加盖 25mm 厚 1:2 的水泥砂浆保护层,并对保护层进行保湿养护。

可将地砖或者其他面层装饰材料铺贴在水泥砂浆保护层上,铺贴面层材料所用的水泥砂浆宜加 107 胶水,同时要充填密实,避免空鼓和高低不平的现象的出现。卫生间内的排水坡度和坡向是在施工过程中特别要注意的,在地漏附近50mm 处可依据实际情况适当增大排水坡度。

第二次蓄水试验是在完成了卫浴间所有装饰工程之后进行的,其目的在于对防水层完工后是否被水电或其他装饰工程损坏进行检验,检验合格之后,也就说明完成了厕浴间的防水施工。

4.4 屋面防水工程施工案例

4.4.1 某五屋框架结构教学楼的屋面构造层次

(1)高聚物改性沥青防水卷材一道,自带保护层。

(2)20mm 厚 1:3 水泥砂浆,砂浆中掺聚丙烯或锦纶-6 纤维 0.75～0.90kg/m³。

(3)55mm 厚挤塑聚苯乙烯泡沫塑料板保温层。

(4)1:8 水泥膨胀珍珠岩找坡 2%。

(5)现浇钢筋混凝土屋面板。

4.4.2 屋面施工

4.4.2.1 施工工艺流程

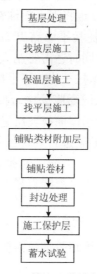

图 4-16 施工工艺流程图

4.4.2.2 施工要点

1)基层处理

在尚未进行水泥膨胀珍珠岩找坡层施工之前,要对于混凝土屋面板基层进行处理,然后借助于錾子剔掉黏结在基层上的松动混凝土和砂浆等,在利用钢丝刷将水泥浆皮刷掉,最后用扫帚将其清扫干净。

2)找坡层施工

(1)在主体结构工程质量办完验收手续之后,需要在屋面女儿墙四周弹好屋面找坡标高线,按 2% 坡度在屋面上找出最高点以及最低点,在此之后拉小线每隔 2m 左右抹细石混凝土找坡墩,进而对于水泥膨胀珍珠岩找坡层的表面标高进行控制。

(2)排气通风管和屋面水落管需要穿过屋面楼板,再将其安装完之后,在管洞内需要浇筑细石混凝土并将其填塞密实。

(3)搅拌:在对于找坡层进行铺设时,需要借助于搅拌机将 1:8 水泥、膨胀珍珠岩(体积比)混合物搅拌均匀,需要注意的是在搅拌的过程当中需要适当地添加水,但是不能过多,最适宜的状态就是搅拌完之后的搅拌物呈现一种干硬性状态。预先借助于固定的手推车对于每车的体积进行测定,进而得以确定每包水泥所掺用的膨胀珍珠岩量。

(4)膨胀珍珠岩的铺设:当基层被清理干净之后,需要用水洒湿,应该从最远端开始进行找坡层的铺设,借助于铁锹将混合料铺在基层上,要想把灰铺平就需要将已做好的找平墩为标准,并且要比找平墩高出 3mm 之后再借助于振实找平或采用自制的铁滚轮将其压实。与此同时还需要用大杠找平,将少许 1:3 水泥砂浆洒在水泥膨胀珍珠岩的表面,利用木抹子将其搓平搓实,之后再借助于铁抹子将其收光作为防水基层。在完成对于水泥膨胀珍珠岩找坡层的浇筑之后,24h 内需要进行浇水养护,需要注意的是,要对于屋面找坡层进行检查,避免其出现积水现象,假设有积水,那么需要用 1:3 水泥砂浆进行局部的修补找平。在基层与突出屋面结构(女儿墙、山墙、天窗壁、变形缝等)的交接处和基层的转角处,找平层均应做成半径不小于 50mm 的圆弧形,在水落口周围直径 500mm 范围内的坡度需要大于或者是等于 5%。

3)贴卷材附加层

在阴、阳角、管道根部以及变形缝等部位需要进行增强处理。

4)铺贴卷材

弹线试铺:要基于卷材的宽度在预先处理好并干燥的基层表面留出搭接缝的

尺寸,并且弹好基准线。就两幅卷材搭接的长度而言,其长边应该大于或者是等于100mm,其短边应该大于或者是等于150mm,上下两层相邻两幅卷材接缝之间应该错开其宽度1/3的距离,要尽量避免上下层卷材的相互垂直铺贴。在底板上卷材接缝距墙根应该不小于600mm。

5)成品保护

(1)在施工的过程当中,应该注意出屋面的预埋管道不得碰损或者是堵塞杂物。

(2)在铺贴好卷材防水层之后,需要及时地做好保护层。

(3)在屋面防水层施工完毕之后,在保护层养护强度还没有达到要求时应该避免上人。

6)应注意的质量问题

(1)卷材搭接不良:接头搭接形式以及长边、短边的搭接宽度偏小,接头处的黏结不密实,接槎损坏、空鼓;在施工操作过程当中应该按照程序弹标准线,使之与卷材规格相符合,操作过程当中齐线铺贴,使卷材接搭长边大于等于100mm,短边大于等于150mm。

(2)空鼓:铺贴卷材的基层潮湿,不平整、不洁净,基层与卷材间窝气、空鼓;铺设时排气不彻底,窝住空气,也可使卷材间空鼓;施工的时候应该保证基层充分干燥,卷材铺设过程当中均匀压实。

(3)管根处防水层粘贴不良:裁剪卷材和根部形状不相符合、压边不实等都有可能会造成粘贴不良;在施工的过程当中应该将其彻底的清理干净,注意操作,将卷材压实,尽量避免其出现翘边、折皱等现象。

(4)渗漏:转角、管根处不易操作会导致渗漏。在施工的过程当中附加层应该仔细操作;应该保护好接槎卷材,搭接时应该满足宽度的要求,进而使得特殊部位的施工质量得以保证。

(5)在完成屋面卷材防水层的施工之后,在进行了蓄水试验,测试合格之后,应该及时地做好保护层。

7)节点处理

在进行大面积的防水施工之前,应该首先处理先对节点,进行密封材料嵌填、附加层铺设等。这对于大面积防水层施工质量和整体质量的提高有着极大的益处,也有利于节点处防水密封性、防水层的适应变形能力的提高。

(1)檐口。将铺贴到檐口端头的卷材裁整齐之后压入凹槽内,之后借助于密封材料把凹槽嵌填密实。

(2)水落口。水落口附近半径 250mm 范围内采用防水涂料或者是密封材料涂封作为附加层，厚度要大于等于 2mm。水落口杯与基层接触的地方应该预留宽 20mm、深 20mm 的凹槽，并在当中嵌填密封材料。铺至水落口的各层卷材和附加层，均应该粘贴在杯口上，采用雨水罩的底盘将其压紧，底盘和卷材之间应该满涂胶结材料使其黏结在一起，底盘周围应该用密封材料填封。

(3)泛水与压顶。就这些部位而言，其结构变化较大，极易受到太阳的暴晒，正是因为如此，出于增强接头部位防水层耐久性的目的，需要在这些部位加铺一层卷材来作为附加层。在铺贴卷材之前，应该先进行试铺，然后留足立面卷材的长度，先铺贴平面卷材至转角处，然后在铺贴立面卷材后要沿着从下向上的方向进行。在铺贴完卷材之后应该借助于预留凹槽收头，将端头全部压入凹槽内，借助于压条钉将其压平，再用密封材料将其封严，最后用水泥砂浆对于凹槽进行抹封。

(4)伸出屋面管道。在对于伸出屋面管道卷材进行铺贴时应该加铺两层附加层，并且采用密封材料进行密封。直接穿过防水层的管道四周找平层按设计要求放坡，与基层交接的地方需要预留出 20mm×20mm 的槽，并且用密封材料进行嵌填，之后再把管道四周除锈打光，然后加铺附加增强层。当套管穿过防水层的时候，套管和基层之间的做法与直接穿管的做法是一样的，穿管与套管之间先填例如沥青麻丝、泡沫塑料等弹性材料，每端预留出 20mm 以上深度的凹槽嵌密封防水材料，之后再做防水层。

(5)阴阳角。阴阳角处的基层涂胶之后要用密封膏将其进行涂封，距角每边 100mm 之后再铺设一层卷材附加层，铺贴之后剪缝处应该用密封膏对其进行封固。

(6)分格缝。应该按照设计的相关要求对于密封材料进行嵌填。要准确的定位分格缝的位置。首先弹线其后再嵌分格木条，等到砂浆或者是混凝土终凝之后立即将其取出来。应该保证分格缝两侧的顺直、平整以及密实，否则应该及时对其进行修补，从而保证嵌缝材料黏结牢固。

第5章 建筑工程投资与进度控制管理研究

随着经济、社会的发展和建筑技术的进步,我国的建筑业具有周期长、规模大、运用技术多样化等特点,投资规模日益增加,一旦对投资与进度失去控制,就会引起很大损失。对投资和进度的控制要加以关注,使投资合理化使用、资源得到优化配置,加强对工程进度及投资的控制,这些对于高效完成工程建设任务,取得高效益,具有非常重要意义。本章主要探讨建筑工程投资控制、建筑工程全过程阶段的投资控制、建筑工程进度计划控制。

5.1 建筑工程投资控制

5.1.1 工程项目投资控制的本质

建设工程项目投资控制是指以建设项目为对象,在投资计划范围内为实现项目投资目标而对工程建设活动中的投资所进行的规划、控制和管理。投资控制主要是为了在工程建设期间,按照计划进行动态控制,使得实际发生的投资金额全部控制预期范围之内,以实现建设项目投资目标最大化。

建设项目投资控制主要由两个工作过程组成,包括建设项目投资的计划过程和建设项目投资的控制过程。这两个工作过程的关系是并行的、各有侧重、相互影响、密切联系的,在建设项目的前期主要以投资计划为主,在实施中后期主要以投资控制为主。

建设项目投资,一般来说就是指工程建设花费的所有费用,主要包括以下几个方面:

(1)建筑安装工程费。此项费用指为建造永久性建筑物和构筑物所需要的费用。

(2)设备及工器具购置费。此项费用包括设备购置费、工具器具及家具购置的费。

(3)工程建设其他费。此项费用是指除了设备及工器具购置费、建筑安装工程费外,必须花费的其他费用,主要由工程咨询费、土地使用费、工程招标费、工程质量监督检测费等费用组成。

(4)建设期利息。此项费用指项目借款在建设期内发生并计入固定资产价值的利息。

不计土地使用费,一般来说,建设项目的建筑安装工程费会占到整个投资总额的 90%左右,工程建设其他费一般以建筑安装工程费和设备及工器具购置费之和为基数计取。

5.1.2　工程项目投资控制的方法

工程项目投资控制的基本方法是规定承包单位按照一定的期限把相关费用的使用情况报告给上级,再由监理工程师对上报的情况进行审查、核对,然后再把已经发生的费用与之前的预期费用作比较,看看是否超过了预算,如是,则采取相应的措施加以弥补。

工程项目投资控制方法有两种:第一,分析和预测项目影响要素的变动与项目成本发展变化趋势的项目投资控制方法;第二,控制各种要素变动而实现项目投资控制目标的方法。这方面的方法主要有:

5.1.2.1　投资控制改变系统

工程项目投资控制改变系统通常是说明费用基线被改变的基本步骤,它是由跟踪系统、调整系统、文书工作组成。费用的改变应协调其他控制系统,相互配合。

5.1.2.2　实施的度量

实施的度量主要用于研究各种变化因素产生的原因,净值分析法是一种最常见的方法,它主要用于控制工程项目费用使用,而且能起到很好的效果。确定导致误差的原因以及弥补、纠正所出现的误差是工程项目投资控制的重要工作。

5.1.2.3　费用计划补充内容

在工程项目进行时都希望按照预期的那样发展,但是这只是理想状态,一般来说,很少有项目是按照计划进行的,在实施过程中会出现各种突发事件,这就要求在此过程中对项目的费用做出修改或调整,及时提出费用计划补充内容,从而形成新的费用计划。新的费用计划既不同于原来的费用计划,又不同于实际费用开支。在投资控制过程中,必须用实际费用和新预算费用作比较,才能获得项目费用的真实信息。而这个新的费用计划并并不是一成不变的,而是随着工程的进程加以改变的,是处于不断更新的状态,所以投资控制必须一直跟踪最新的计划。

5.1.2.4　计算工具

工程项目投资控制要依靠相关的项目管理软件和电子表格软件来跟踪计划费用、实际费用和预测费用改变的影响。

5.2　建筑工程全过程阶段的投资控制

5.2.1　投资决策阶段的投资控制

投资决策是指投资者为了预期目标的实现,要依靠科学的方法,在众多的方案中选择最佳的可行性方案,从而实现经济利益最大化。项目的投资决策把利益作为投资主体的出发点,根据客观条件和投资项目的特点,在了解了有关信息的基础上,结合一定的科学方法,遵循一定的标准和程序,对投资项目做出选择。

5.2.1.1　投资决策的基本要素

建设项目投资决策体系的构成要素涉及许多内、外部因素,主要包括以下基本要素:

1)决策主体

决策主体是由个体或群体组成的具有智能性和能动性的主体系统,其包括个人、集体、组织、机构等形式。建设工程项目投资决策主体是建设项目投资主体,也就是所说的投资人,投资人可以通过聘请的方式,来雇佣一些有经验的、具有相应资质的项目管理公司代为负责在工程项目进行过程中的一些工作,如前期策划、编制项目建议书等工作。

2)决策目标

决策目标顾名思义就是指所要达到的目的。目标能为决策行为提供方向,只有明确了目标,才能为决策行为提供明确方向;只在目标划分合理的前提下,才能保证目标的制定具针对性。确定决策目标,也就确定了投资预期目标,进而指明了投资方向,投资结构、投资规模、未来投资成本效益的评估标准,为投资决策奠定良好的基础。

3)决策信息

决策信息指有关决策对象规律、性能、所处环境等各方面的知识、消息。信息是在整个项目实施过程中都是非常重要的,尤其是在决策阶段,信息是非常重要的,正确而充分的信息是科学决策的前提和保障。

4)决策理论和方法

决策理论和方法主要用于指导和帮助决策主体处理决策信息的,任何决策实践都必须有正确的指导,即决策理论和方法。

5)决策程序

投资决策程序就是在投资决策过程中,各个环节的工作都要按照其自身运动规律的先后顺序进行,它是通过实践不断总结经验并深化客观事物规律的基础上制定出来的,这样能有效避免决策的主观性和盲目性,从而达到理想的决策效果。

对于一般项目来说,决策过程包括投资机会研究阶段、编制项目建议书阶段、可行性研究阶段、项目评价阶段和项目决策审批阶段。关于比较重要的项目决策,可以增加一些必要性评价以及决策审查等环节,这样就能使项目的决策更具科学性,投资决策各阶段主要内容,如图 5-1 所示。

投资机会研究是项目的开始,是在市场调查、分析和信息捕捉的基础上完成的初步构想,该阶段最重要的工作是确定合理的投资规模;前期决策的核心工作是确定项目是否具有可行性,其主要工作内容是论证和评估,它建立在对市场和项目特性考查的基础上,对项目进行技术分析和财务分析,并对项目的经济效益、环境效益、社会效益进行评估;前期决策的关键环节主要包括投资估算的编制和审查工作。

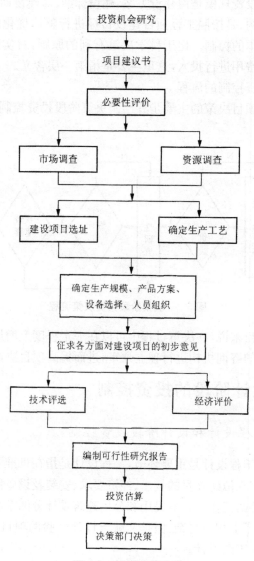

图 5-1　投资决策阶段

5.2.1.2　工程项目决策阶段投资控制流程

1)决策阶段投资控制的含义

决策阶段的投资控制包括两种含义:第一,对项目建设前期所确定的工程投资规模的控制。工程投资规模是由建设方案、建设标准、对建设期宏观经济环境的预测等综合因素决定的,是按照工程项目建设目标进行整体优化的结果;第二,对决策阶段本身发生成本的控制。出于科学决策有利的原则,对实地调查、科学研究、决策咨询等方面的费用进行投入,这里主要是指第一层含义。

2)决策阶段投资控制的流程

根据重大工程项目决策的主要步骤绘制决策阶段投资控制的流程图,如图5-2所示。

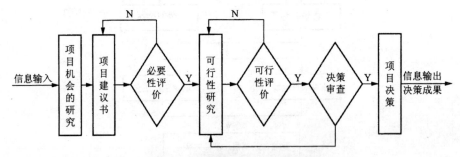

图 5-2　决策阶段投资决策流程

针对大中型项目来说,在决策过程中可以在一定程度上增加反馈环节,让有经验的专家或有资质的咨询机构进行独立评审,进而提高项目决策的科学性。

5.2.2　设计阶段的投资控制

5.2.2.1　工程设计和设计阶段投资控制

在建设程序中工程设计是重要环节,工程设计是指在批准了可行性研究后,根据设计任务书,以实现拟建项目的技术、经济要求、安装及设备制造所需的规划、图纸、数据等技术文件的工作。一般民用和公用建筑设计分两个阶段:初步设计和施工图设计。对于技术上相对复杂,但是又缺乏设计经验的项目,分3个阶段:初步设计、技术设计和施工图设计。

设计工作程序是指设计工作要按照一定的先后顺序进行,包括设计准备阶段、初步方案阶段、初步设计阶段、技术设计阶段、施工图设计阶段、设计交底和配合施工阶段。

设计阶段的投资控制,简单说就是能够策划出比较科学合理的设计任务书要求,而且造价控制在投资决策的设计的范围内。具体来说是指在设计阶段,工程经济人员和工程设计人员相互协作,应用一系列科学的方法和手段对设计方案进行选择,并进行优化,保证把技术与经济的对立统一关系处理得科学合理,进而能主动影响工程投资,以实现有效控制工程项目的投资。

5.2.2.2　设计阶段投资控制的内容和程序

建设项目设计各个工作阶段投资控制的内容又有所不同。设计阶段投资控制的主要工作内容和程序,如图 5-3 所示。

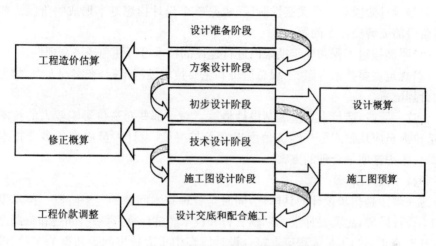

图 5-3　设计阶段造价控制的主要工作内容和程序

1)设计准备阶段

设计准备阶段的工作内容主要有以下几方面:

(1)设计人员与造价咨询人员要时时沟通,密切协作,通过分析项目建议书和可行性研究报告内容,在了解业主方对设计的总体思路的基础上,还要考虑项目利益相关者的要求。

(2)设计单位或个人在动手设计之前,要充分考察外部条件和客观情况:①地形、气候等自然条件;②交通、水、气、电等基础设施状况;③城市规划对建筑物的要求。

(3)还要考虑工程已具备的各项使用要求:工程经济估算的依据,业主所能够提供的资金、施工技术、施工材料、施工装备等以及可能对工程产生影响的其他客观因素等。

2)方案设计阶段

在初步方案设计阶段,个人或设计单位和造价咨询人员通过分析工程与周围环境之间的关系,来规划工程项目的主要内容,并做出合理安排。在此过程中,个人或设计单位要结合项目利益相关者对建设项目的要求,协调好建设项目工程和周围环境的关系,使二者更加协调、更加相容。工程造价人员应做出各专业详尽的建安工程造价估算书。

3)初步设计阶段

初步设计阶段是一个关键性阶段,也是整个设计构思基本形成的阶段。初步设计阶段需要解决以下问题:

(1)明确拟建工程和规定期限内进行建设的技术可行性和经济合理性。

(2)规定主要技术方案、工程总造价和主要技术经济指标,来实现人力、物力和财力合理配置。

在这一阶段,造价人员应编制设计概算。对于那些对造价影响较大的技术环节,造价人员应从技术——经济角度出发参与决策,设计人员应准备多套技术方案,综合考虑选取最合理的方案。

4)技术设计阶段

这一阶段是初步设计的具体化,同时是各种技术问题的定案阶段。技术设计比初步设计阶段,更需要详细的勘察资料和技术经济计算,对一些问题和疏漏之处加以补充修正。为了最大程度上符合设计方案中重大技术问题和有关实验、设备选择等方面的要求,技术设计应该更加详细,使建设项目建设材料采购清单一目了然,这样能够保证建设项目采购过程顺利进行。在这一阶段,工程造价人员应根据技术设计的图纸和说明书及概算定额编制技术设计修正总概算。

5)施工图设计阶段

该阶段是连接设计工作和施工工作的重要环节。具体包括建设项目各部分工程的详图和零部件、结构件明细表以及验收标准、方法等。施工图设计的深度应能满足设备材料的选择与确定、非标准设备的设计与加工制作、施工图预算的编制、建筑工程施工和安装的要求。此阶段,设计人员和技术人员要站在技术——经济的角度,共同商讨,反复论证,最终完成施工图设计,编制施工图预算。

6)设计交底和配合施工

施工图发出后,要根据现实需要,需要指派专业人士到现场,与建设单位、施工单位等共同会审施工图,进行技术交流,对设计意图和技术要求做出解释和说明,对图纸上的一些错误的、疏漏的地方进行修改和完善。参与到试运转和竣工验收过程中去,对试运转过程中的一些问题做出及时修改,并检验设计的正误和完善程度。

对于大型复杂和大、中型的民用建设工程项目,应该派遣现场设计代表到现场配合施工并参加隐蔽工程验收。

5.2.3　招投标阶段的投资控制

5.2.3.1　项目施工招标及程序

建设项目招标是指招标人(发包单位)在发包工程项目之前,依循公布的招标条件,公开或者邀请招标人前来投标,前提条件是这些前来投标的人必须接受招标要求,最后选择最优投标人的一种交易行为。

根据《中华人民共和国招标投标法》的规定,以下项目必须实行招标行为:

(1)大型基础设施、公用事业等关系社会公共利益、公众安全的建设项目。

(2)全部或部分使用国有资金或国家融资的建设项目。

(3)使用国际组织或者外国政府贷款、援助资金的项目。

上述规定范围内的各种工程建设项目包括项目的勘察、设计、施工、监理以及与工程建设有关的重要设备、材料等的采购,达到下列标准之一者,必须进行招标:

(1)单项合同估算价在 200 万元人民币以上的项目。

(2)重要设备、材料等货物的采购,单项合同估算价在 100 万元人民币以上的。

(3)勘察、设计、监理等服务的采购,单项合同估算价在 50 万元人民币万元人民币以上的项目。

(4)单项合同估算价低于前 3 项规定的标准,但项目总投资在 3000 万元人民币以上的项目。

1)建设项目招标方式

建设项目招标方式一般采用公开或者邀请招标两种方式进行。

(1)公开招标。公开招标也叫竞争性招标,是指招标人通过发布招标公告,吸引投标人参加施工招标的投标竞争,招标人选取最优的中标单位的招标方式。按照竞争程度,可划分为国内竞争性招标和国际竞争性招标。

(2)邀请招标。邀请招标也叫选择性竞争招标或有限竞争性招标,是指由招标单位首先选择一定数量的企业,然后向这些目标企业发投标邀请书,邀请他们参加招标竞争。一般来说,3~10 个投标人参加比较合适,但是实际数量要根据实际情况而定。

相比于公开招标,邀请招标具有缩短招标有效期、节约招标费用、提高投标人的中标机会等优点,但是这种招标还具有一定的缺点,如中标价可能会比公开招标的价格高,可能会排除许多更有竞争力的企业。

2)建设项目施工招标程序划分

施工招投标划分为业主的招标行为和承包商的投标行为。这两个方面相互联系、相互协作。工程招标需要专业技巧和经验作保障,以后的项目投资控制的依据与基础包括招标文件及其补充条款、投标文件及其补充条款、现场答疑备忘录以及该阶段所发生的经济条款等。在建设工程投资控制及风险的分担上,工程招标过程扮演着非常重要的角色。招标单位进行施工招标程序的阶段划分,如图 5-4 所示。

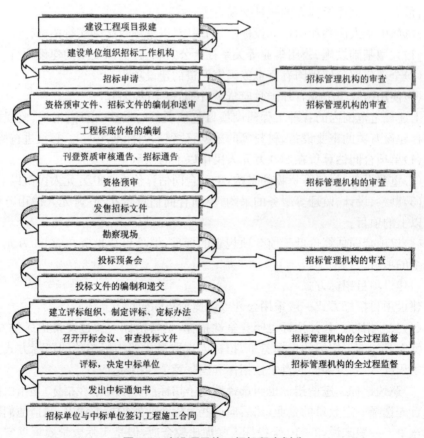

图 5-4　建设项目施工招标程序划分

5.2.3.2　施工招标阶段投资控制的关键环节

建设工程项目招投标的实质是"买方"与"卖方"的一种期货交易方式。通过实践分析得出,在工程项目建设过程中承发包阶段是一项举足轻重的环节,招投标的进行关系着建设工程项目的投资情况。业主在此阶段对投资控制的主要任务体现包括以下几点:

1)重视招标文件的编制与审核

招标文件是选择施工单位、确立工程合同造价的纲领性文件,建设工程招标文件既是招标单位与未来中标单位签订工程承包合同的基础,也是投标单位编制投标文件的依据,同时也是招标阶段投资控制的原则性文件,对整个招标工作以及承发包双方都有一定的约束作用。之所以对招标文件的编制与审核非常重视,是因为尽量使招标文件全面、规范,避免产生歧义,引起不必要的麻烦,尽可能提供一份全面、准确的工程量清单,尽量让暂定数量及项目的机会降到最少,并且图纸及工程规范中所涉及的内容尽量在工程量清单中得到完整反映,使实施过程中的变更风险降到最低。

2)加强评标环节的投资控制

加强评标环节的投资控制,把合理编制的标底低为基本,在大量的投标单位中选出最佳投标人来负责项目的实施,以保证投资额控制的有效性。

3)选择和确定合理的合同类型

选择和确定合理的合同类型以及计价方式,以减少合同过程中的纠纷、合理规避风险,有效的控制项目投资。

5.2.4　施工阶段的投资控制

5.2.4.1　资金使用计划的编制和控制

1)施工组织设计

施工组织设计是关系到施工阶段资金使用计划的直接影响因素,其任务是实现建设计划和实际要求,施工过程控制的依据是对整个工程施工选择科学的施工方案和合理安排施工进度,这也是施工阶段资金使用计划编制的依据之一。施工组织设计能够协调施工单位之间、单项工程之间,资源使用时间和资金投入时间之间的关系,这样能够保证质量、保证按时完成,同时也能有效控制资金的投入。施工组织规划设计、总设计,单位工程和分项工程施工组织设计构成了施工组织设计过程。施工组织总设计顾名思义,就是指要把控全局,从整体的角度出发,对一些薄弱环节和关键环节重点关注,对工程中的重点和难点实时跟进和把控,在考虑资金投入、需求和控制的同时,还要考虑到施工总进度的合理安排,确保施工的顺利进行。

2)资金控制目标

在确定施工阶段资金控制目标的时候要联系工程特点,这样能更加有效的确定施工程序和进度,对施工能够进行科学选择,优化人力资源管理。为了实现资金的合理应用以及有效进行目标的控制,应采用先进的施工技术、方法与手段,这有利于工程项目的顺利进行。资金使用目标的确定既要按照施工进度计划的细化与分解,将资金使用计划和实际工程进度调整有机地结合起来,又要考虑资金来源(例如,政府拨款、金融机构贷款、合作单位相关资金、自有资金)的实现方式和时间限制。施工总进度计划涉及面广、要求严格,其基本要求是:能够保证预期的工程能够在规定的时间内按质按量完成,尽量使工程造价降低,节约施工费用。总进度计划的相关因素包括建设总工期、单位工程工期、项目工程量、施工程序与条件、资金来源以及资金需要与供给的能力与条件。总进度计划为编制资源需要与调度计划以及确定资金使用计划与控制目标等提供依据。

3)风险因素

在确定施工阶段资金使用计划时,应该把在施工阶段出现的各种风险因素对资金使用计划的影响考虑在内。比如,建筑材料价格变化、建筑材料价格变化、施工条件变化、不可抗力自然灾害以及多方面因素造成实际工期变化等。所以,计划工期与实际工期、计划投资与实际投资、资金供给与资金调度的关系也需要在资金使用计划过程中加以考虑。

4)资金使用计划的编制方法

施工阶段资金使用计划的编制方法,主要有以下几种:

(1)按不同子项目编制资金使用计划。一般来说,单位工程总是由若干个分部分项工程组成,而多个单位工程组成单项工程,多个单项工程又组成大型工程。按不同子项目划分资金的使用情况,为了使资金得到合理分配,这就要求必须合理划分工程项目,这种合理划分需要根据实际情况来确定。在实际的工程实施过程中,总投资目标按项目分解只能分到单项工程或单位工程,如果再进一步分解投资目标,就不太容易使分目标的可靠性得到保障。

(2)按时间进度编制的资金使用计划。建设项目的投资总是分阶段、分期支出的,资金的安排关系着资金能否使用合理。为了编制资金使用计划,并以此为依据筹集资金,尽量节约资金,减少资支出,将总投资目标按使用时间进行分解是十分必要的,以此来确定分目标值。

一般来说,可以根据项目进度网络图进一步扩充后得到按时间进度编制的资金使用计划。利用网络图控制投资,即要求在拟定工程项目的执行计划时,一方面确定从工程项目开始到竣工所需要的时间,另一方面也要确定完成工程项目合理的支出预算。

资金使用计划也可以采用 S 形曲线与香蕉图的形式,其对应数据的产生依据是施工计划网络图中时间参数(工序最早开工时间,工序最早完工时间,工序最迟开工时间,工序最迟完工时间,关键工序,关键路线,计划总工期)的计算结果与对应阶段资金使用要求。

根据网络计划便可以计算各项活动的最早及最迟开工时间,进而得到项目进度计划的甘特图。在甘特图的基础上,根据时间进度划分来编制投资支出预算,在此基础上绘制时间—投资累计曲线(S 形图线)。时间—投资累计曲线的绘制步骤如下:

(1)确定工程进度计划,编制进度计划的甘特图。

(2)根据每单位时间内完成的实物工程量或投入的人力、物力和财力,计算单位时间(月或旬)的投资,如表 5-1 所示。

表 5-1　按月编制的资金使用计划表

时间/月	1	2	3	4	5	6	7	8	9	10	11	12
投资/万元	100	200	300	500	600	800	800	700	600	400	300	200

(3)计算规定时间 t 计划累计完成的投资额,其计算方法为各单位时间计划完成的投资额累加求和,可按下式计算:

$$Q_t = \sum_{n=1}^{t} q_n$$

式中,Q_t——某时间 t 计划累计完成投资额;

　　　q_n——单位时间行的计划完成投资额;

　　　t——规定的计划时间。

(4)按各规定时间的 Q 值,绘制 S 形曲线,如图 5-5 所示。

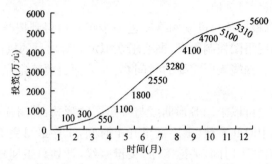

图 5-5　时间—投资累计曲线(S 曲线)

每一工程进度计划都对应某一条特定的 S 形曲线。进度计划的非关键路线中存在许多有时差的工序或工作,所以,S 形曲线(投资计划值曲线)一定包括在由全部活动都按最迟开工时间以及最早开工时间开始的曲线所组成的"香蕉图"内,如图 5-6 所示。建设单位为了实现建设资金的合理安排,可按照编制的投资支出预算来确定,与此同时,也可以按照筹措的工程资金对 S 形曲线进行适当调整,以达到最佳,即通过调整非关键路线上的工序项目最迟最早或开工时间,尽量在预算的范围内实现投资支出的把控。

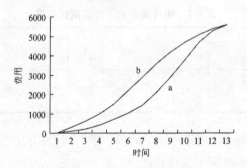

图 5-6　投资计划值的香蕉图

a—所有活动按最迟开始时间开始的曲线　b—所有活动按最早开始时间开始的曲线

按照常理来说,为了减少工程费用贷款利息,所有活动都按最迟时间开始,但是这样一来就会产生一个缺点,即不能保证工程的竣工时间,所以,对投资支出预算须做出合理确定,实现控制项目工期,又能节约投资支出的目的。

5.2.4.2　工程变更款的确定

1）工程变更的定义

业主、代表业主的工程师（监理工程师）和承包商由于实施工程项目的复杂性、长期性和动态性，都无法在工程项目的工程设计、招投标和签订施工合同时期就对施工阶段一切可能出现的问题进行精准的预测，也不可能拟定详细的计划来应对这些问题所带来的后续效应。所以，工程变更在工程项目（尤其是大型工程项目）施工过程中经常出现。工程变更会极大地破坏合同价格与合同工期，但是如果工程变更是成功的，就会对项目工期和投资目标的完成具有巨大的推动作用。业主、设计单位、承包商和监理单位等很多因素都会造成工程变更的发生。一旦出现工程变更，无论这个变更由哪方提出或由何种原因引发，此工程的施工进度、工程质量、投资控制和各方面关系的协调都会发生改变。

对工程变更进行准确的界定非常困难，这是因为它所涵盖的领域非常宽泛。本书认为，工程变更是指由于支撑原合同状态的条件发生变动，造成在合同实施过程中必须对原合同文件进行修正与补充。保障工程实施顺畅是工程变更的基本目标，而修改与调整原合同价格和工期等内容则是实现上述目标的主要措施。

2）工程变更的分类

相较于项目招标投标时的状况，项目实施的过程中的实际状况会出现部分改变，这是因为项目的工期一般都较长，与其有关的经济关系与法律关系比较繁杂，并且自然条件与客观原因也对其有很大的制约。因此，工程施工的现实状况与工程招标投标时的状况相较通常会发生部分改变。工程量变更、工程项目的变更（如发包人提出增加或者删减原项目内容）、进度计划的变更、施工条件的变更等都是工程变更涵盖的主要内容。假如根据产生的原因对工程变更进行分类，其包括多种类型，比如发包人的变更指令（涉及针对工程，发包人提出了新的要求，针对项目计划，发包人进行了修正，针对预算，发包人进行了削减，针对项目进度，发包人提出了新的要求等）；因为设计出现差错，必须修正原图纸；施工环境发生改变；因为新知识与新技术的出现，必须对原设计、实施方案或实施计划进行调整；针对此工程项目，法律法规或政府部门做出了新的规定。自然，这种划分方式并不严谨，导致变更的各种因素也可以是相互融合的。变更设计则成为上述变更的主要表现形式，由于我国强调必须严格按图设计，因此，假如变更对原设计造成了影响，就必须优先对原设计进行更改。鉴于在工程变更过程中，设计变更处于重要地位，工程变更通常划分为两种类型，即设计变更和其他变更。

（1）设计变更。如果设计变更在施工过程中出现，施工进度就会受到很大干扰。所以，必须尽可能降低变更设计的频率，假如不得不更改设计，就必须在更改过程中认真执行国家的规定与合同约定。合同款项的加减和承包人的损失如果是由发包人变更原设计，以及工程师同意、承包人要求进行的设计变更造成的，那么发包人必须承担责任，耽搁的工期也应该相应延长。

（2）其他变更。在合同实施的过程中，发包人提出变更工程质量标准的要求以及出现其他根本性变更，合同双方应该协商解决。

3）FIDIC合同条件下的工程变更

在FIDIC合同条件下，业主给出的设计通常都比较简陋，一些设计（施工图）是由承包商完成的，所以，相较于我国施工合同条件下的施工变更，其设计变更要更少。

（1）工程变更的范畴。因为工程变更被划为合同履行过程中的正常管理工作的范畴，工程师能够在认为必要时按照工程的实际进度就下列几个方面发布变更指令：

①变更合同中任何工作工程量。因为招标文件中的工程量清单中所登记的工程量是按照初步设计进行估算的，而其主要作用是在承包人在对投标书进行编制的过程中，合理组织设计施工及报价，因此实际工程量在项目施工的过程中可能会不符合计划值。为达到合同管理便利的目的，合同双方必须在专用条款中进行以下约定：如果工程量发生很大改变，单价的百分比应该进行修正（根据工程实际状况，可在15%～25%范围内确定）。

②变更所有工作质量或其他特性。比如，对不属于强制性标准的其他质量标准进行提升或降低。

③变更工程任何部分标高、位置和尺寸。上述几方面的变更一定会对工程量的增减造成影响，所以也包含在工程变更的范畴之中。

④对一切涉及合同约定的工作内容进行删减。只有不再需要的工程，才能进行删除，把承包范围内的工作通过变更指令的方法交由其他承包商实施，是被严格禁止的。

⑤按单独合同对待新增工程。所有联合竣工检验、钻孔和其他检验以及勘察工作都属于永久工程在实施过程中所需要的所有附属工作、永久设备、材料供应或其他服务的范畴。这种变更指令补充的新的工作内容必须在性质与范围上与合同工作相同，并且不能运用变更指令的方法命令承包商在新增工程施工的过程中使用超过他目前正在使用或计划使用的施工设备。除了承包商对此项工作按变更对

待持赞成态度,否则通常按照一个单独合同的形式来对待新增工程。

⑥对原先的施工顺序或时间安排进行调整。此类调整的原因一方面可能是工程量与工作内容的增加,另一方面可能是为了对多个承包人施工的干扰进行协调,工程师发布的变更指示。

(2)变更程序。工程师在工程接收证书公布前的一切时间都能够运用发布变更指示或要求承包商呈交建议书的方法提出变更。

①指示变更。在业主授权范围内,工程师按照施工现场的实际状况,在确实需要时有权发布变更指示。细致的变更内容,工程量的变更,项目的施工技术要求与相关部门文件图纸的变更,以及处理的原则的变更是指示涵盖的主要内容。

②要求承包商呈交建议书后再明确的变更其步骤包括以下几个方面:工程师告知承包商计划变更事项,并且要求承包商将建议书呈交上来;承包商要在最短的时间内做出回复。这里可能出现两种状况,一种是因为部分不属于自身因素的制约,通知工程师对这一变更不能执行,比如变更需要的物质不能及时到位等,工程师必须在现实状况与工程的需要的基础上重复告知承包商取消、确认或更改指示。另一种是按照工程师的要求,承包商将变更的说明呈交,这个说明涵盖即将进行的工作的说明书和此工作实施的进度计划;在合同规定的基础上,承包商对进度计划与项目完成时间提出有变更需要的建议,要求工期延长;承包商建议对估价进行变更,并要求变更费用。

工程师决定是否能够进行变更,并在最短的时间内将说明批准与否告知给承包商,或提出建议。在等待告知的时段内,承包商必须保证工作的进度。在发布任何一项实施变更指示的同时,工程师必须要求承包商将支出的费用进行详细编列。工程师只是将承包商呈交的变更建议书当作判断能否进行变更的参照。基本上任何变更在估价与支付的过程中都必须以计量工程量为基础,当然,工程师做出指示或批准通过总价方式进行支出的状况例外。

(3)工程变更计价。①对估价的原则进行变更。依据工程师的变更要求,承包商进行工作变更后,通常会遇到对变更工程的成本进行评估的问题。合同当事人在协商时也一般聚焦在变更工程的价格或费率。对变更工程采用的费率或价格进行计算,包括以下几种情况:

a.在工程量表中有与变更工作内容相同的工作的单价或价格,必须根据此单价对变更工程费用进行计算。如果工程施工组织与施工方法在变更工作实施过程中没有出现根本性变化,就不能对此项目的单价进行更改。

b.虽然在工程量表中编列了与变更工作内容相同的工作的单价或价格,但是工程量表中的单价或价格与变更工作明显不契合,这时,必须根据原先的单价或价格对当前的单价或价格进行重新拟定。

c.如果在工程量表中没有编列与变更工作内容相同的工作的单价或价格,就必须在遵循与合同单价水平相同这一准则的基础上,对单价或价格进行重新制定。双方都不能借故在工程量表中没有该项价格,过分地提高或降低变更工作的单价。

②能够对合同工作单价进行调整的情况。要想调整某一项工作规定的单价或价格,一般应具备下列几个条件:

a.相较于工程量表或其他报表中规定的工程量,该项工作实际测量的工程量的调整幅度要超过10%。

b.工程量的变更与对该项工作规定的具体单价的乘积大于接受的合同款额的0.01%。

c.此项工作由于该工程量的变更,每单位工程量费用的变动超过1%。

③删减原定工作后对承包商的补偿。承包商在工程师发布删减工作的变更指示后,不再对个别工程进行施工,这没有侵害合同价款中涵盖的直接费部分,然而承包商无法合理回收摊销在此部分的间接费、税金和利润。基于此,承包商能够根据自身的利益受损状况向工程师发出通知,并呈交详细的证明资料,与合同当事人进行沟通后,工程师可以在合同价内增加一部分经计算后确定的补偿金额。

(4)承包商申请的变更。承包商可以以工程施工的实际情况为依据,向工程师提出关于合同内每个项目或工作的具体变更请求报告。承包商在没有获得工程师批准时,不能私自进行更改,如果取得工程师的批准,就依照工程师发布变更指示的程序执行。

①承包商提出变更建议。承包商能够随时将有关的书面建议提交给工程师。承包商认为如果自身建议得到批准,就会产生下列几种情形:施工进度加快;业主实施、维护或运行工程的成本下降;工程完工的效率或价值提升;业主可以获得其他利益。

②承包商在对该类建议书进行编制时须采用自费方式。

③假如获得工程师准许的承包商建议涉及改变部分永久工程的设计,通用条件的条款规定,假如合同当事人没有签订其他协议,此部分工程的设计应由承包商承担。如果承包商没有设计资质,也可以分包给具备资质的相关单位。变更的设计工作应按合同规定承包商负责设计的规定执行,具体包含下列几个方面:承包商必须依据合同中所列的程序将此部分工程的承包商的文件上交给工程师;承包商的文件应该与规范和图纸的要求相符;承包商必须承担此部分工程,并且竣工的此

部分工程必须与合同中规定的工程的预计目标相一致;承包商必须在竣工检验之前,根据规范规定将竣工文件、操作和维修手册呈交给工程师。

④接受变更建议的估价。假如该变更降低了此部分工程的合同价值,工程师必须在合同价格中加入其与承包商协商或确定的一笔费用。这笔费用必须在下列金额差额中占据 50%:降低合同价导致合同价值的降低,没有涉及按照后续法规改变做出的变更和因物价浮动而进行的变更,以及变更给使用功能造成的影响,鉴于质量、预期寿命或运行效率的下降,就业主来说已变更工作价值上的降低(如有时)。如果工程功能的价值下降幅度超过业主从合同价格降低中获得的利益,此笔奖励费用就不会发放。

5.2.5　竣工阶段的决算审计与控制

建设项目竣工决算指的是承建单位完成所有建设项目之后,根据国家有关规定在建设项目竣工验收阶段编制的竣工决算报告。竣工决算指的是承建单位通过运用货币指标与实物数量这两个计量单位,对完工项目从筹备到竣工交付使用的整个过程中所有的建设费用支出、建设成果和财务情况进行综合反映的总结性文件。它是竣工验收报告的重要内容。竣工决算不仅能够推动对新增固定资产价值进行精确核算,对投资效果进行考核分析,对经济责任制进行构建,还能够体现建设项目实际造价和投资效果。

根据财政部、国家发改委和建设部的有关文件规定,竣工财务决算说明书、竣工财务决算报表、工程竣工图与工程竣工造价对比分析共同构成了竣工决算的总体框架(见图 5-7)。其中竣工财务决算说明书、竣工财务决算报表统称为建设项目竣工财务决算,在竣工决算中处于核心位置。

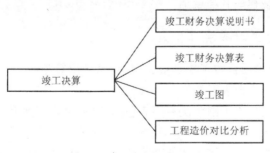

图 5-7　竣工决算的内容

5.2.5.1 竣工决算说明书

竣工决算说明书是工程建设成绩和经验的体现,是剖析与补充说明竣工决算报表的文件,其以书面的形式对工程投资与造价的考核与研究进行了总结,主要包括以下几个方面:

(1)建设项目概况、对工程总的评价。通常研究说明的出发点是进度、质量、安全和造价、施工等。进度方面包括对开始和完工日期进行明确,参照合理工期和要求工期,对是提前还是延长工期进行分析;质量方面包括以竣工验收委员会或质量监督部门的验收为依据对等级、合格率和优良率进行评定;安全方面包括在劳动工资和施工部门的记录的基础上说明有无设备和人身事故;造价方面包括参照概算造价,通过金额和百分比的形式对工程费用节约还是超支进行解释。

(2)分析资金来源及运用等财务方面的信息。核算工程价款、处置会计账务、财产物资状况与债权债务的偿还状况是其主要内容。

(3)基本建设收入、投资包干结余、竣工结余资金的上交分配情况。通过研究基本建设投资包干情况,对投资包干数、实际支用数和节约额、投资包干结余的有机构成和包干结余的分配情况进行说明。

(4)研究各项经济技术指标。以实际投资完成额与概算执行情况为依据进行对比研究;研究新增生产能力的效果,对在总投资额中支付使用财产所占的比例进行说明;在投资总额中,固定资产造价所占的比例不提升,对其有机构成与结果进行研究。

(5)财务管理工作,竣工财务决算以及工程建设的经验、项目中存在的一些亟须解决的症结。

(6)应该进行解释的其他事项。

5.2.5.2 竣工财务决算报表

(1)大、中型建设项目竣工决算报表包括:财务决算审批表、项目概况表、财务决算表、交付使用资产总表及资产明细表。

(2)小型建设项目竣工财务决算报表包括:财务决算审批表、决算总表、交付使用资产明细表。

(3)建设工程竣工图。竣工图体现了建设项目的实际情况,是关于工程的重要档案资料,在项目建设的过程中,施工单位应该认真做好施工记录、检验记录,对变更文件进行仔细整理,并按时做好竣工图,使竣工图的质量得到保障。

①如果严格根据图纸进行施工,中间没有改动,可以由总包与分包单位将"竣工图"标志加盖在原施工图上,将其当成竣工图。

②如果在项目施工时,原施工图虽然出现了普通的设计变更,但经过修正调整后仍然可以作为竣工图的,可以继续使用,施工单位必须将修改部分标注在原施工图(应该是新蓝图)上,并将设计变更通知单与施工说明也附在其中,将"竣工图"标志加盖之后,就成为竣工图。

③如果变更了结构形式、施工工艺、平面布置等,就要对原施工图进行重新绘制。将竣工图章加盖在每一张资料清单上。

对建设工程造价进行核查的依据是,仔细比较为了控制工程造价所采取的手段、效果及其动态的变化和总结经验教训批准的概算。在研究过程中,可以首先对整体项目的总概算进行比较,接着为了对竣工项目总造价是节约还是超支进行确定,将建筑工程安装费、设备工器具费和其他工程费用与竣工决算表中所提供的实际数据和相关资料及批准的概预算指标、实际工程造价进行逐一比较分析,然后根据比较进行经验的总结,找到节约与超支产生的缘由,并提出改善措施。

5.3　建筑工程进度计划控制

5.3.1　项目进度计划控制的概念

项目进度计划控制指的是为了实现完成进度计划的整体目标,在制定好项目进度计划之后的项目实施进程中,检验、比较、剖析、调整整体的施工进度状况。

在项目开展的进程中,应该参照项目进度计划对项目实施的实际进度时常进行必要的检查。如果实际进度符合计划进度要求,就证明项目开展的整体状况比较好,能够在期限内完成进度计划整体目标。如果实际进度与计划进度之间产生了偏差,工作人员就要对偏差出现的缘由以及接下来的工作项目进度计划整体目标的受影响状况进行评估,提出能够使问题得到解决的方法以及保证工程计划整体目标按进度实施的策略,并以上述方法与策略为依据调整原先的进度计划,让其与实际开展状况相符,并完成先前制定的进度计划整体目标。接着在完成整个项目之前,重复新一轮的检验、比较、剖析、调整,从而完成项目进度整体目标,甚至能够在保证项目工程质量与项目成本不变的基础上,提前完成整个项目。

5.3.2 项目进度计划的编制与实施

5.3.2.1 施工项目进度计划的编制

由于进度计划是进度控制的基础,因此,进度计划控制的初始阶段是对施工项目进度计划进行编制。编列一个与合同要求相符合、科学合理、能够达到最优效果的施工进度计划,必须以工程规划与施工项目进度的分解控制目标为依据。

编列项目进度计划的过程通常包括以下几个步骤:

1)项目描述和项目分解

对项目的领域进行确认,同时,确定应该实施的一些具体工作,这些工作的目的是完成项目的可交付成果,并细化上述工作,使其变得能够控制,这样项目的分解就实现了。管理者能够在这个过程中理清自己的思绪。项目能否分解得适当,取决于管理者对项目的理解程度。

2)项目活动排序

时间少,任务重视是工程建设过程中经常遇到的问题,这个时候最先要做的是,在盘根错节的工作中,找出活动的脉络,知道必须先做什么、后做什么,并对工作进行分类,比如可以同时做哪些工作,必须按照先后顺序做哪些工作等,项目进度计划与上述工作有着密切的联系。基于此,分解项目的工作完成之后,对分解出来的各项活动之间的逻辑关系进行确认,系统设置与项目有关的各项活动的顺序,从而使各项工作之间的前后关系得到明确,并使项目活动的排序得到确认。

这是一项极为重要的工作,因为进度计划在未来得到顺利实施的基础是工作的先后关系正确。通常都是用人工的方式与计算机软件结合手工的方式分别对小型项目的活动的顺序与大型项目的活动的顺序进行设置。

3)项目活动时间的估计

制定项目计划的一项关键性、基础性工作是评估项目活动进行的时间,它与计算各项事务、各项工作的时间参数以及整个项目工程完工的总时间有着密切的联系。如果预估的项目需要的时间比较少,就会使整个项目工作变得急促被动;反之,如果预估的项目需要的时间太多,就会拉长项目工程的竣工期。与当前工作项目相似的工程项目的历史数据、经验和知识是评估项目活动进行时间的主要依据。

项目限制条件对评估活动进行时间有着重要的影响,例如项目在闹市区施工,就应该适度延长进行挖土方作业的时间,这是因为窄小的工作面和受到限制的运输时间影响了工作进度。与此同时,资源总量与资源能力也与活动持续时间的评估有着密切的联系。通常来讲,如果减少一半的工作人员,就会相应地增加一倍的工作时间。一位才走出大学校门的学生解决一件事情所需的时间肯定大大超过一位能力突出,资历深厚的项目主管解决此类事情所需的时间。

4)制定项目进度计划

项目管理的基本方式包括,对网络图或横道图进行绘制,对项目的周密计划进行制定,对各项工作的起止时间进行确认,而这些都要以项目活动的次序和预估的时间为依据。当前,网络计划技术是制定项目进度计划的主要方法,使用这种方法能够使项目各工作单元之间的相互关系得到清楚的体现,同时对调控项目执行过程中各工作之间的关系起到推动作用。

5.3.2.2　施工项目进度计划的实施

施行施工项目进度计划的过程与保证落实与执行进度计划的过程相等同。只有协调好以下几项工作,才能使落实与执行进度计划得到有效保障:

1)编制施工作业计划

将进度进化传达给施工班组需要借助作业计划,而确保进度计划实施的主要手段就是作业计划。在对施工进度计划进行编列的过程中,鉴于施工活动本身面临着诸多挑战,对施工时的情况不可能考虑的面面俱到,因而对后续施工活动中的所有细节也不可能一次性部署到位,所以施工进度计划不是很具体,进行工作任务的传达时也不能以其为根据。因此,应该要有短期的施工作业计划,它与当时的施工状况更加相符,同时也更加具有可操作性。施工作业计划指的是,为了使施工进度与上级规定的各项指标任务能够按计划完成,以施工组织设计和施工现场状况为依据,进行灵活部署、均衡调节的具体的执行计划。施工单位的计划任务、施工进度计划和施工现场状况相互统一,共同形成了施工作业计划,其对上述 3 个部分进行协调,而且给予各个执行者任务,变成能为工作人员所操作,直接对项目施工进行协调与引导的文件,因此,变成确保进度计划实施的主要方式。

月作业计划与旬作业计划是施工作业计划的基本类型。施工作业计划通常涵盖下列内容:

(1)对本月(旬)必须结束的施工任务和它的施工进度进行确定。

(2)以本月(旬)施工任务和它的施工进度为依据,对此任务的资源需要量计划进行编制。

(3)依据月(旬)作业计划当前的整体执行状况,采取对应的方法使劳动生产率提高,并使项目成本降低。

计划人员在进行作业计划编制的过程中，必须亲自进入施工现场，对项目施工的具体进度进行认真观察，并且应该到施工队组中去，对施工人员的具体工作能力进行分析，对工程的设计要求进行研究，将主观因素与客观因素进行统一，广泛咨询相关施工队伍的建议，综合平衡，对与现场施工状况不符的计划进行修改，提出作业计划指标。最后，举行会议，把作业计划以施工任务书的形式传达到施工队组手中。

2)下达施工任务书

施工任务书是将具体施工任务传达给施工队组的计划技术文件，与作业计划相较，施工任务书的表达形式显得更加简单明了，这是为了使施工人员容易对其进行了解与掌握。基于此，通常传达施工任务书的形式是表格，但是作业计划的全部指标应该在施工任务书中能够体现出来，因此，施工任务书的具体内容应该如下所述：

（1）施工队组必须承担的工程项目、工程量、工程项目的开工时间与完成时间以及施工日历进度表。

（2）工程项目顺利竣工所需的资源总量。

（3）项目完成所需的施工方法、技术组织措施以及工程质量、安全、节约措施的各项指标。

（4）记录单与登记卡，包括记工单与限额领料单等。

施工任务书不仅是对工程进行经济核算的单据，还是对施工队组进行表彰与处罚的基础。

3)层层签订承包合同

项目施工的各个层级之间都应该相互签订承包合同，主要表现为施工项目经理与施工队及资源供应部门之间，施工队和作业班组之间进行工程承包合同的签订，使工程任务和各方的权利、责任及利益相互对应，这些方法使贯彻与执行施工计划获得了有效保障。

4)做好施工中的调度工作

施工调度指的是在施工进程中陆续建立新的平衡，对正常的施工条件和施工步骤进行构建与维护的各项工作。对工程项目计划与工程合同落实状况进行检查与监督，对物质、设备和劳动力进行安排，对施工现场产生问题进行处置，对内、外部的配合关系进行调和，进而贯彻执行工程项目各项计划指标，是施工调度的基本任务。

必须在施工项目经理部与各施工队设置由项目经理或施工队长直接领导的专

职或兼职调度员。

为了使工程作业计划得以完成和进度目标得以实现,相关施工调度必须涵盖以下工作:对实施作业计划进行监督、对各方面的进度关系进行协调;对施工的各项准备工作进行监督;对资源单位的劳动力、施工机具、运输车辆、材料构配件的供应进行督促;通过各种调配措施解决项目施工中突然产生的问题;对施工现场进行管理时以施工平面图为基础,并依据实际情况调整施工进度,确保施工文明;对气候、水、电、气的整体状况进行把握,相关的防范与保障方法要及时到位;对施工中发生的事故和意外要早察觉、早处置;对工程施工中的短板进行调整,及时平衡材料、机具、人力之间的关系;应该定期举办现场调度会议,对施工项目主管人员的决议进行落实,对调度令进行宣告。

5.3.3　项目进度控制

5.3.3.1　项目进度控制的基本原理

项目进度控制是一个反复循环的动态过程。对工程进度定期进行查验、对项目的现实进度进行比较分析是实施项目进度计划的基本内容。如果现实的施工进展和计划进度无法匹配时,超前与落后的偏差就会形成。这时必须对偏差出现的原因进行剖析,并运用切实可行的方法对原计划进行调整,在新的起点上使现实进度与计划进度实现契合。接着以调整后的进度计划为依据进行工程建设,并且将组织管理的功能尽可能发挥出来,按计划进行实际工作。然而,新的偏差由于新的阻挠因素的出现而不断产生。进度控制就是这样一个反复查验、调解的动态循环过程。

项目进度控制活动根据不同的控制方式和方法能够划分成很多种类。根据事物的发展进程,能够划分为事前、事中以及事后控制;根据闭合回路能否构成,可划分为开环控制与闭环控制;按照调整方法与控制信息的由来,应该划分为前馈控制与反馈控制。

主动控制与被动控制是控制活动的两个基本类型。主动控制即为了实现计划目标,控制部门和控制人员对实际完成的任务与计划目标产生偏差的可能性提前进行剖析,并根据这个前提制定与采取所有的预防性手段,它是一种面向未来的前馈式事前控制。被动控制即控制人员在系统根据计划运行的过程中,追踪计划实施的计划情况,加工、整理输出的项目信息,紧接着将这些信息通报给控制部门。让控制人员能够找出问题与差错,并对问题解决与差错纠正的计划进行确认,继而将方案反馈给实施系统付诸实施,计划目标如果产生偏差,就能立即被修正。被动控制是一种针对当前工作的反馈式事后控制。图 5-8 对主动控制与被动控制之间的关系进行了描述。

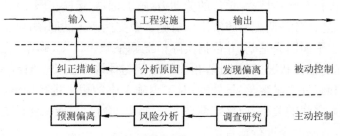

图 5-8　主动控制与被动控制之间的关系

被动控制与主动控制相比较,其自身存在着很多不足。然而,被动控制依然属于积极控制的范畴,同时在控制系统中占据着非常重要的地位,并且是一种使用非常频繁的控制方式。

主动控制与被动控制相互协调统一是工程项目进度管理过程中的必然要求,具体表现为,不仅应该进行前馈控制,而且应该进行反馈控制;不仅应该以事实上输出的项目信息为依据,而且应该以预测的项目信息为依据进行项目进度管理,并且使二者进行有机融合。

5.3.3.2　项目进度控制的目标划分

为避免施工项目进度失去控制,应该对进度目标进行确认,并且根据项目的分解使各层次的进度分目标得以构建,上级目标对下级目标进行控制,下级目标为上级目标的实现奠定基础,从而使项目工程的整体目标最终得以完成。

1)根据施工项目组成进行分解,对主要工程项目的开工日期进行明确

主要工程项目的进度目标反映了项目建设整体进度计划和工程项目年度计划。在工程项目阶段应该对主要工程项目的起止时间进行进一步确定,从而使工程项目整体进度目标的完成得到有效保障。

2)根据工程项目阶段进行分解,对进度控制的里程碑进行明确

按照工程项目的特征,可以把与其相关的施工项目进行阶段划分,并且任何一个阶段的开始与终止日期都具备清晰的里程碑。尤其是各施工段分别属于不同的承包商,更应该给它们进行时间分界点的划分,并将这些时间分界点作为形象进度的控制标志,从而使工程项目进度控制目标变得更加详尽。

3)根据项目计划进行分解,对工程项目进行组织

根据年、季度、月(或旬)分解工程项目的进度控制目标,并通过施工实物工程量、货币工作量及形象进度进行表示,使监理工程师能够很容易对承包单位进度控制的条件进行明确。并且,工作人员能够按照此计划施行、监察、查验工程进度计划。如果计划期不长,那么进度目标就会显得比较详细,就能迅速追踪进度,修正进度偏差而运用的手段就会显得比较有用,并且能够对长期目标与短期目标、下级进度目标与总目标的关系进行有计划、有次序的融合,使项目的进度控制目标能够按时完成,并交付使用。

5.3.3.3　项目进度控制的保证措施

组织措施、技术措施、合同措施、经济措施和信息管理措施等是进度控制主要措施。

1)组织措施

(1)对项目管理班子中进度控制单位的人员、具体控制任务与管理职能分工进行贯彻执行。

(2)根据项目结构、项目进展阶段、合同结构分解项目,并且对编码系统进行构建。

(3)对进度协调工作制度进行明确,涵盖对会议开始的日期和与会人员进行协调等。

(4)剖析对完成进度目标形成干扰的风险因素。以基本的统计资料为依据,推算与预估各种因素对工程进度造成影响的概率和耽搁工程进度所造成的耗损,并对进度影响较大的项目审批予以重视。

2)技术措施

在工程项目质量得到确保的基础上,通过运用合理的技术手段使工程进度加快。审查、修改设计与图纸,选择施工方法、施工机械等都属于技术措施的范畴。

3)合同措施

(1)合同工期及各阶段的进度目标应该在合同文件中加以确定。

(2)协调分标合同工期和整体进度计划之间的关系。

(3)当实际进度偏离计划进度时,必须对进度计划进行相应调整。如果工程延期的责任不属于承包商,那么经检查后对调整予以核准;然而如果工程延期的责任应该归咎于承包商,那么承包商必须对此负责,并督促承包商立即对进度进行调整,缩短工期延误的时间。

(4)根据合同规定,将施工设备和施工图纸提供给承包商,确保施工顺利。

(5)为了减少对后续项目施工的影响,应该尽快进行隐蔽及主要工程项目的阶段性验收。

4)经济措施

(1)业主对工程项目的预付款应该及时进行整理。

(2)月进度支付凭证应该尽快签订。

(3)对承包商或业主的索赔请求应该及时进行回应与解决。

5)信息管理措施

对在项目进行过程中与工程项目进度相关的信息进行搜集,对落实计划进度的状况进行对比,按期将分析报告交到业主手中。当实际进度偏离计划进度时,必须运用各种手段对偏差进行修正。对计划进度的目标进行明确,对体现实际进度的信息和管理各种进度信息的措施予以收集是信息管理的要点所在。

5.3.4 建筑工程进度计划控制案例

图 5-9 是项目管理工程师获得的由工程项目的承包商提供的桥梁工程施工网络计划,在核查过程中,项目管理工程师认为此施工计划安排无法满足施工总进度计划对该桥施工工期的进度计划要求(总进度 $T_c = 60d$)。项目管理工程师指出这个问题,承包商做出说明:在此计划中,不可缩短任何一项工作的作业时间,并且由于仅能用一套工地施工桥台的钢模板,因此只能按照次序对两个桥台进行施工,如果必须将完工时间缩短,就一定要用预制桩代替西侧桥台基础的挖孔桩,这样必须对设计进行修改,并且成本要上调 12 万元。项目管理工程师则不认同这个方案。

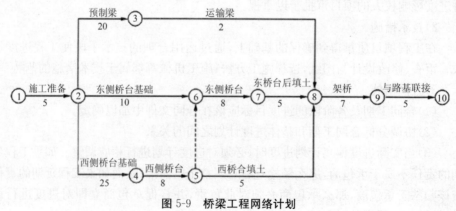

图 5-9　桥梁工程网络计划

经项目管理工程师批准,建华基础工程公司获得了此桥的基础工程分包权,建华基础公司在东侧桥台的扩大基础施工过程中发觉有污水管道穿过地下,污水管道在设计文件与勘察资料中都没有出现。

　　东侧桥台的扩大基础施工时间由于对地下污水管道进行处置而比原定时间多了3d,即由10d增加到13d,按照项目管理工程师签认的处理地下污水管道增加的工程量,建华基础工程公司对项目管理工程师提出以下索赔要求:分包合同外工作量费用增长,工期增加33d。

　　问题:

　　(1)针对此桥的网络进度计划,项目管理工程师可以给予何种建议?

　　(2)针对上述索赔要求,项目管理工程师应该怎样处置?

　　答:

　　(1)项目管理工程师应建议在桥台的施工模板仅有一套的条件下,合理组织施工。由于西侧桥台基础为桩基,施工时间长(25d),而东侧桥台为扩大基础,施工时间短(10d),因此,必须由新方案,即完成东侧桥台和西侧桥台基础施工后,再对西侧桥台进行施工(见图5-10),代替完成中西侧桥台和东侧桥台基础施工后,再对东侧桥台进行施工的旧方案(见图5-9)。这样对组织方式进行改变,能够把此方案的计划工期减少至 $T_c = 55d$,比要求工期 $T_r = 60d$ 要短,并且费用也不会增长。

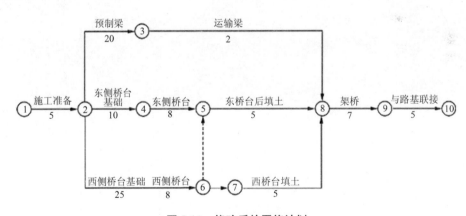

图 5-10　修改后的网络计划

　　(2)索赔处理:①建华基础工程公司应该向总包单位提出索赔要求,然后总包单位对监理工程师提出索赔要求,而不应该越过总包单位直接对监理工程师提出索赔要求;②假如总包单位对监理工程师提出以上索赔要求,监理工程师应该接受在补偿费用方面的要求,但不能接受工期方面的索赔要求,这是因为,虽然东侧桥台基础施工延长了 3d,但是在网络计划中,此工作并不处于关键节点,工期延长 3d后,也并不是关键点,要求工期并不受此影响。③由于地下障碍物在勘测设计中没有检测出来,业主应与勘测设计单位协商解决项目成本提高的问题,监理工程师负责证据材料的提供。

第6章 建筑工程项目的采购与资源管理研究

所谓采购指的是一个从项目的组织外部获得某种产品或者服务的过程,在各种项目的实施中极其关键,是实现既定目标的重要一环,所有项目的实施都需要进行采购活动。资源管理也是建筑工程项目管理中的一个重要组成部分,是施工企业确保项目目标实现的重要手段。本章主要阐释建筑工程项目的采购管理、资源管理,以及建筑工程项目的采购与资源管理案例。

6.1 建筑工程项目的采购管理

6.1.1 工程项目采购

所谓工程项目采购指的是施工企业从项目的外部获取一定资源来实现项目目标的过程,是一种通过合同的方式来有偿地获得工程施工与服务、货物供应的行为。

6.1.1.1 工程项目采购方式

1)招标采购

所谓招标采购指的是工程的采购方在采购前对其采购要求与条件等内容提前进行说明,以招标的方式邀请外部的众多其他企业来进行投标,之后再根据已经相关的程序和标准从这些投标方进行择优选择,并和投标条件最有力的企业进行合作、签订协议的过程。整个招标的过程要坚持公正公开以及择优合作的原则。

2）竞争性谈判

所谓竞争性谈判指的是工程项目的采购方根据相关的法律规定，直接地邀请规定人数以上的资源供应单位通过谈判的方式来进行采购的一种方式。如，根据《中华人民共和国政府采购法》规定，与下面这些情形之一相符合的货物或者服务在采购的时候可以运用竞争性谈判的方式：

（1）招标后没有供应商投标或者没有合格标的或者重新招标未能成立的。

（2）技术复杂或者性质特殊，不能确定详细规格或者具体要求的。

（3）采用招标方式所需时间不能满足用户紧急需要的。

（4）不能事先计算出价格总额的。

3）单一来源采购

所谓单一来源采购指的是工程项目的采购单位直接向供应商购买某些货物或者服务的一种采购方式。如，根据《中华人民共和国政府采购法》的规定，与下列情形之一相符合的货物或者服务在采购的时候可以采用该方式：

（1）只能从唯一供应商处采购的。

（2）发生了不可预见的紧急情况，不能从其他供应商处采购的。

（3）必须保证原有采购项目一致性或服务配套的要求，需要继续从原供应商处添购，且添购资金总额不超过原合同采购金额 10％的。

4）询价采购

询价采购，也就是通常所说的货比三家，指的是工程项目的采购单位在对于几家不同的供应商某一商品或者服务的报价进行对比的基础上而进行采购的一种方式，其一般程序是：①组建询价小组；②选择要进行询价的供应商；③进行询价；④确定要合作的供应商。该方式的适用范围较小，一般应用于以下情况：其一，一些简单的、小型的土建工程的采购；其二，现货的采购；其三，价值较小的一些标准规格设备的采购。

5）直接采购

所谓直接采购指的是采购单位直接和供应商签订合同，而不进行竞争的采购方式，这种方式主要适用于以下情形：

（1）已经授标而且签约、并开始采购了的项目，还需对于类似的货物或者工程量进行采购的情况。

（2）新增加的采购部件需要和已购的设备相配套或者标准一致，因此在此向原来已经达成协议的原有供货商增加采购的情况。

（3）需要进行采购的设备或者货物等的货源单一的情况。

(4)为了确保设计的质量或者实现某种性能,负责工艺设计的承包人要求采购方从某个供应商处来购买某些重要的部件。

(5)在一些特殊的情况下,如需要早日完工或者遇到一些不可抗拒的力量时,为了避免因为工程延误而造成更多的支出,采购单位可以采用这种采购方式。

6.1.1.2　工程项目采购的原则

我国《招标投标法》规定:"建设工程的招标投标活动必须遵循公开、公平、公正和诚实信用的原则。"《政府采购法》则规定:"政府采购应当遵循公开透明原则、公平竞争原则、公正原则和诚实信用原则。"可见,两部法律对工程、货物、服务的招标等采购原则的规定是相似的。

1)公开透明原则

(1)公开招标活动的一些相关信息要公开透明。工程项目的采购方式为公开招标的,招标单位需要将招标广告发布在国家指定的信息网络、报刊等公共的媒介上,如果需要对投标方的资格进行预审,还需要在公共媒介上发布相应的公告;如果采用的是邀请招标,还需要给至少 3 个相应组织或者特定的法人发出邀请书。

(2)公开开标的程序。工程项目的采购方应该公开进行开标,所有进行条标的单位或者代表都能参加。

(3)公开评标的程序与标准。工程项目的采购方应该在给所有投标单位的招标文件中标注清楚评标的具体程序与标准。

(4)公开中标的结果。招标单位应该以书面通知书的形式告知中标单位,而且也要将中标的结果向其他没有中标的单位进行公开。

2)公平竞争原则

公平指的是招标方对待所有的投标方要坚持公平的原则,使其拥有平等的竞争机会、享有相同的权利、履行同等的义务。具体而言,工程项目的招标方要在以下几个方面保证投标方的公平竞争:①确保提供给所有潜在投标方的招标信息相同;②确保每个投标方都能获得相同的对招标文件的解释与澄清;③对于所有的投标方要有同等的投标的担保要求;等等。此外,还应注意的是,在采购活动中,招标方与投标方具有平等的地位,谁都不可以强行让对方接受自己的意志,不可以向对方提出一些不合理的要求。

3)公正原则

公正原则指的是工程项目的招标方要严格地根据之前制定与公布的招标标准与程序来进行相关的活动。例如,招标方要尽量地在招标的质量要求、技术方面对于所有的投标方采用通用的标准，不能倾向于某个特定投标方，如标明某一个特定的商标或者专利等。

而另一方面，所有的投标方也必须要遵守相关的法律法规，不能进行不正当的竞争，如对工程项目的招标方以及该方的相关工作人员进行提供回扣或者行贿等行为。

4)诚实信用原则

诚实信用是进行各项民事活动的一个基本原则。我国的一些基本法律，如民法通则、合同法等对于诚实信用原则都进行了相关的规定。招标投标的主要目的是招标方与投标方可以订立采购合同，也是一种重要的民事活动，因此，在具体实施的时候也需要坚持诚实信用原则。

具体而言，在招标投标活动中，诚实信用原则有以下要求：双方在行使权利或者享受相关义务的时候都要坚持诚实、守信的态度，进而使自己应该享有的利益能够得到保证，而且，当事人双方不可以使社会或者第三人的利益受到损害，不能进行一些故意泄露标底、传统中标等行为。

6.1.2 工程项目采购管理

6.1.2.1 项目采购管理的工作程序

所谓采购管理指的是对于项目的物资采购的相关工作进行的一系列计划、指挥、协调等管理活动。工程项目采购管理工作的具体程序如下：

1)制定采购工作计划

项目采购管理工作的相关人员要根据工程项目的资源计划等信息来对该项目的具体物资需求进行明确，进而需要明确项目物资的具体采购时间、产品类型、采购方式等信息，并且根据这些信息来制定具体的、可操作性强的详细项目采购计划。

2)选择采购方式

工程项目物资的采购可以通过多种方式，具体而言，选择采购方式的总体原则有助于促进竞争的公开性与有效性。

3)选择供应商

在进行工程项目采购的时候，相关人员首先要进行一定的市场调查，选择一些优质的产品或服务的供应商，并且建立相应的供应商名录。

4)合同管理

合同管理工作具体指的是对和供应商的合作以及工程项目的资源供应进行相关管理的工作,其具体工作内容有和选择的供应商间进行的谈判、签订合同以及履行合同等。

5)合同完结

所谓合同完结指的是在全部履行完项目采购的相关合同后或者合同因为某种原因而中断后,进行采购结算、交接结算的一个过程,其具体工作有验收采购合同各项条款、办理采购结算以及进行效益评价等。

6.1.2.2　项目采购管理当事人的职能

1)制定采购管理制度

所谓采购管理制度指的是为了使采购行为更加规范,采购部门会根据自己企业的实际情况,而且要对企业可能需要的资源进行综合的考虑而制定一些相关的规章制度,从而使在具体的采购实践中可能存在的一些问题能够得到更好地处理。

2)编制采购文件

工程项目的采购管理部门需要根据自身企业指定的发展计划以及具体项目的需要来编制具体、详细的采购文件,一般而言,采购文件的内容主要有以下几项:

(1)所需采购产品的类别、规格、等级、数量等基本信息。

(2)采购的具体技术标准以及专业标准。

(3)技术协议和检验原则以及质量要求。

(4)有部件编号的图纸、检验规程的名称、版本等。

(5)代码、标准及标识。

(6)采购的产品是不是有毒、有害产品。

(7)有无特殊采购要求。

3)确定采购管理工作程序

在完成以上工作后,工程项目的采购管理部门为了使其管理活动更加规范,还应制定出完备的工作程序,具体而言,主要包括以下步骤:

(1)明确需要采购的产品或者服务的基本要求,并且要明确采购人员的具体分工以及应承担的责任。

(2)根据具体情况与实际需要编制合理的采购计划。

(3)通过市场调查,选择合适的供应商;项目采购的负责人要加强对合作供应商的选择和管理,根据企业自身的实际情况以及采购产品的要求对产品供应商进行合理的选择、评价以及管理。

(4)通过招标、协调等方式来确定要合作的供应商。

(5)签订采购合同。

(6)对于采购的产品或者服务进行运输、验证以及移交,需要注意的是,要严格按照规定对采购的产品或者物资进行验证,坚决杜绝一些不合格的产品流入工程项目中。

(7)对于不合格的产品或者不符合要求的服务进行处置。

(8)将采购资料归档,加强对于产品质量资料、相关的采购管理资料的管理。

6.1.3　项目采购计划

所谓项目采购计划指的是工程项目的采购部门以具体的市场需求、企业自身的实际情况以及采购的环境容量等因素来计划与确定具体的采购时间、数量、方式的作业,是一个项目采购管理人员确定需要采购什么样的产品或者服务来使项目需求得到最大满足的过程。项目采购计划是建筑企业制定的年度计划中的一个重要组成部分,整个采购管理工作是从项目采购计划的编制开始的。

6.1.3.1　项目采购计划的编制要求与编制依据

1)项目采购计划的编制要求

工程项目采购计划的编制要符合企业既有的经营目标与方针、利益计划以及发展计划等。采购计划编制的完善与否直接影响着整个项目采购运作是否可以成功。

对于一般的建筑企业而言,编制项目采购计划的主要目的在于对采购部门的具体工作进行更好的指导,从而确保项目施工的顺利进行,保证企业获得既定的经营效益。具体而言,一个良好的采购计划需要满足以下条件:

(1)配合企业生产计划与资金调度。

(2)避免材料储存过多,积压资金,以及占用存放的空间。

(3)使采购部门事先准备,选择有利时机购入材料。

(4)预计材料需用时间与数量,防止供应中断而影响产销活动。

(5)确立材料耗用标准,以便控制材料采购数量及成本。

2)项目采购计划的编制依据

工程项目采购计划的编制依据有:

（1）项目合同。

（2）设计文件。

（3）采购管理制度。

（4）项目管理实施规划（含进度计划）。

（5）工程材料需求或备料计划。

6.1.3.2　项目采购计划的编制程序

1）认证计划

（1）准备认证计划。这是编制项目采购计划的第一步，也是极其关键的一步，其具体过程如图 6-1 所示。

图 6-1　准备认证计划过程

①开发批量需求。这一步是一个牵引项，可以启动之后的整个供应程序的流动。了解与把握开发需求计划是制定详尽、完善的认证计划的必要前提。当前，开发批量需求有两种主要的情形：其一，以前或当前条件下可以获取的物料供应，如，可以从之前接触的供应商的供应范围中寻找到项目所需的物料；其二，如果项目所需的物料在之前的采购环境中不能得到，采购部门就要去寻找能够提供这种新物料的供应商。

②接受余量需求。在具体的采购实践中，工程项目的具体采购人员可能会遇到以下两种情况：其一，企业规模的逐渐扩大带来越来越大的市场需求，企业已经具备的采购环境的容量难以满足企业日益增长的物料需求；其二，企业工程项目的整体采购环境的发展趋势是下降的，所以，其采购环境的容量越来越小，难以满足企业的物料需求。这两种情形都会造成余量需求，需要企业扩大采购环境的容量。有关采购环境容量的信息通常情况下是由订单人员以及认证人员来提供的。

③准备认证环境资料。采购环境一般包括两个部分：一是认证环境；二是订单环境。

认证容量与订单容量的概念完全不同。有的供应商可能有较大的认证容量，但订单容量则相对较小，还有一些供应商则会有较大的订单容量，但是认证容量则相对较小。与订单容量相比，认证容量的技术支持难度要大很多。所以，在分析采购环境的时候，企业要主义区分认证环境与订单环境。

④制定认证计划说明书。这一步具体指的是要准备好所有的认证计划需要的各项材料，具体包括：认证计划说明书，例如物料的需求数量、物料项目名称以及认证周期等；开发需求计划、余量需求计划、认证环境资料等。

（2）评估认证需求。这是编制采购计划的第二步，具体需要进行以下工作：对于开发批量需求进行分析；对余量需求进行分析；确定认证需求。评估认证需求的具体过程如图 6-2 所示。

图 6-2　评估认证需求的过程

①分析开发批量需求。开发批量需求除了要对采购的量进行分析以外，还需要了解工程所需物料的技术特征。开发批量需求具有很多的样式，根据不同的分类标准，可以分为不同的类型：以需求的环节为标准，开发批量需求可以分为两类，即研发物料开发认证需求、生产批量物料认证需求；以供应情况为标准，开发批量需求主要有需要定做物料需求、直接供应物料需求；以采购环境为标准，开发批量需求包括环境内与环境外物料需求两种；根据国界划分，开发批量需求又分为国外与国内供应物料需求两种。

②分析余量需求。对余量需求进行分析的第一步就是要将余量需求进行分类。余量认证主要有两个来源：其一，市场销售需求不断扩大；其二，采购环境订单容量越来越小。这两种情况使工程项目单位的物料需求不能得到满足，所以要扩大采购环境的容量。对于因市场原因造成的前一种情况，工程项目的采购部门可以通过分析市场、生产需求计划来确定具体的物料需求量。而对于因为供应商的原因造成的第二种情况，可以在对实际采购环境下的总体订单容量和原定的订单容量件存在的差别进行分析后得出。总的需求总量便是上述两种情况下的余量之和。

③确定认证需求。所谓认证需求指的是借助于认证手段来得到一定的订单容量的采购环境，其确定主要依据对开发批量需求与余量需求的分析结果。

（3）计算认证容量。在这一步中，主要完成以下具体工作：对项目认证资料进行分析;计算出总体的认证容量以及承接认证容量;对剩余的认证容量进行确定。

(4)制定认证计划。制定认证计划书的内容主要有 4 方面,即将需求与容量进行对比、综合平衡、确定余量认证计划、制定认证计划,其过程如图 6-3 所示。

图 6-3 制定认证计划过程

①对比需求与容量。一般情况下,认证需求和供应商的认证容量间会有一定的差异性。若认证需求比认证容量小,就不需要综合平衡,可以根据认证需求来直接制订认证计划,但是若认证需求比供应商的认证容量大得多,就需要先进行认证平衡,再针对剩余的认证需求来制定现有采购环境外的认证计划。

②综合平衡。所谓综合平衡指的是工程项目的采购部门要从全局出发,对于生产、物料自身的生命周期以及认证容量等各要素要进行综合的考虑,判定制定的认证需求是否可行,进而通过对认证计划的调节来认证需求得到最大的满足,此外,还要计算出剩余认证需求,并去单位既有的采购环境外去寻找这一部分的剩余认证需求。

③确定余量认证计划。所谓余量认证计划指的是要将剩余认证需求交给相关的认证人员来进行分析,并让其提出一定的对策,共同确认在当前采购环境外的新供应商的认证计划。

④制定认证计划。制定认证计划就是对于物料数量与开始认证的时间进行确定,其具体的确定方法可以通过下面的公式来表示:

认证物料数量=开发样件需求数量+检验测试需求数量+样品数量+机动数量

开始认证时间=要求认证结束时间-认证周期-缓冲时间

2)订单计划

(1)准备订单计划。准备订单计划的内容主要包括:接收市场需求与生产需求、准备订单环境资料、编制订单计划说明书。

(2)评估订单需求。这也是工程项目采购中极其关键的一步,只有对于订单需求进行准确的评估,才可以给订单容量的计算提供重要的依据,从而制定出完善的订单计划。评估订单需求包括的内容具体有分析市场需求、分析生产需求、确定订单需求。

①分析市场需求。工程项目的采购人员需要对于市场上签订合同的数量以及

尚未签订(含未及时交货)的合同的数量等进行详细、系统的分析,并对其发展趋势进行研究,此外还要参考之前的采购数据,使采购计划更加严谨与规范。

②分析生产需求。要对生产需求进行分析,可以从以下两方面着手:其一,对生产需求的产生过程进行研究;其二,对于生产需求量以及购买货物的时间进行分析。

③确定订单需求。采购部门可以基于对市场需求及生产需求的分析来确定本企业的订单需求。订单需求的内容一般指借助于一定的订单操作手段,使既定批量的合格物料在未来的指定时间内入库。

(3)计算订单容量。工程项目采购计划的一个重要组成部分便是计算订单容量,订单容量计算的准确性是制定出完善的订单计划的重要前提。对于订单容量的计算主要包括以下内容:①对项目供应资料进行分析;②对于总体的订单容量进行计算;③对于承接订单容量进行计算;④确定剩余订单容量。

(4)制定订单计划。在工程项目的采购计划编制中,制定订单计划是最后的、最重要的一个环节,其内容主要包括以下几方面:

①对比需求与容量。这是制定订单计划的第一步,只有确定了需求和容量间的关系才能更有针对性地制定订单计划。

②综合平衡。项目采购的计划人员要对市场、生产、订单容量等要素进行综合的考虑,对于物料订单需求的可行性进行分析,根据实际情况调整订单计划。

③确定余量认证计划。对于剩余需求,要提交认证计划制定者处理,并确定能否按照物料需求规定的时间及数量交货。为了保证物料及时供应,此时可以简化认证程序,并由具有丰富经验的认证计划人员进行操作。

④制定订单计划。采购计划的最后一个环节就是制定订单计划,制定好订单计划就可以按照计划进行采购工作了。

6.1.3.3 采购计划编制的技术与制定

1)采购计划编制的技术

(1)自制/外购分析。这属于一般性的管理技术手段,一般包括对于直接成本以及间接成本的分析,其作用主要是对执行组织是不是可以经济地生产出一项具体的产品进行分析与判断。

(2)专家判断。这一过程的输入通常需要专家的技术判断,专家指的是经过某项专业专业培训或者具备某项专业知识的团体或者个人。专家意见的来源主要包括以下几个方面:咨询工程师;执行组织单位内的其他单位;行业集团;专业和技术协会。

2)采购计划编制的制定

市场的变化、采购过程的复杂性是影响采购计划的重要影响因素,采购计划对于采购管理至关重要,一个详尽、系统的采购计划有助于更有效地指导采购管理工作。

(1)认真做市场调查,搜集具体、完备的相关信息。采购管理人员在编制采购计划的时候,要认真调研本企业面临的市场,具体需要调研的内容有:经济的整体发展趋势、行业发展的基本情况、和采购相关的一些政策法规、相关供应商的情况、竞争对手采取的采购策略。

(2)认真分析企业自身情况。工程项目的采购管理人员在制定采购计划前还要对本企业的具体情况进行充分地分析,如企业的行业地位、长期的发展计划与战略、供应商的生产能力等相关情况。

(3)广泛听取意见、群策群力。在编制采购计划的时候,很多采购部门都是采购经理指定的,缺少一些基层的采购人员以及关联部门的支持,导致,采购计划不太完善,进而实际的采购工作也就不会开展得很顺利。所以,相关管理人员在需要广泛地听取他人的意见。

6.1.4　工程项目采购控制

为了更好地实现采购目标,更好地满足工程项目的物料需求,采购管理人员需要有效地控制采购过程。

6.1.4.1　实施项目采购订单计划

采购订单计划的实施就是根据计划购买相关的物料,为工程项目提供合格的原材料与相关配件,并且要评价反馈供应商的群体绩效。

采购订单计划实施的主要环节包括订单准备、供应商选择、与供应商签订合同、对于合同的执行情况进行跟踪、物料检验与接收、付款操作与供应。

6.1.4.2　建筑工程项目采购合同控制

工程项目的采购风险大、环节多、影响因素多,因此,合同控制是一种最好的对这一过程进行控制的方法。合同会对采购方与供应商的责任和义务进行详细的规定,会标明双方违反了合同规定的具体处理方法,还会有双方的当事人、单位负责人,甚至公证人的签字与公章。

所以,工程项目的采购合同受法律保护,具有法律效力,有很强的约束性、权威性以及可操作性,对于合同双方的行为能够起到约束的作用,从而使双方的利益得到更好的保护。所以,采购部门要尽量地和一切的供应商签订合同,对其进行约束与控制,从而降低进货的风险。

6.1.4.3 工程项目采购作业控制

所谓作业控制指的是工程项目的采购部门对于采购过程中每一个环节的作业都必须要进行监督与控制。因此,采购部门承担着很大的工作量,责任重大,也有很大的风险。

因此,在工程项目的采购作业控制中,相关人员可以采取以下措施:选择承担此项工作的人员要经验丰富、具备较强的活动能力与处理问题的能力、身体素质较高;计划要周密,对具体的过程中可能会出现的各种情况提前制定出相应的措施来应对;制定与实际情况相符的具有可操作性的物料进度控制表,更好地控制整个过程;督促供应商按照合同日期交货,做好货物的检验工作;控制好货物的运输,做好运输方与购买方、采购责任人和仓库保管员的交接工作。

6.1.4.4 工程项目采购验收

工程项目的采购控制还要对于材料进行及时地验收,如果材料经验收是合格的,检验人员就会在材料的包装上贴上合格标签,之后的物料管理人员会将这些合格的材料放入仓库。对于不合格的材料,检验人员也需要将不合格标签贴在外包装上,并且在"材料检验报告表"上写清不合格的原因,经过主观领导核实后,转到工程项目采购部门,而且要通知相关的供应商,并且办理退货手续,将物料退回。

6.2 建筑工程项目的资源管理

6.2.1 工程项目人力资源管理的确定

6.2.1.1 项目管理人员、专业技术人员的确定

(1)根据企业的相关岗位来编制计划,在预测项目管理人员、专业技术人员的

需求时可以参考类似的工程经验来进行。在人员需求中需要对于需求的岗位、数量、专业能力、招聘途径、程序、到岗时间等进行明确的规定,进而构成一个多维度、多层次的人员需求表。

(2)在编制人员需求计划之前要进行详细的工作分析。所谓工作分析指的是在观察与研究的基础上,对于某一工作职务的职责以及岗位要求等内容进行明确的规定,一般包括具体的工作内容与时间、责任者、怎样操作以及为何要做等,基于工作分析的结果,再对工作说明书、工作规范进行编制。

6.2.1.2　劳动力综合需要量计划的确定

确定劳动力的综合需要量在暂设工程规模、组织劳动力进场方面起着重要的作用。在编制劳动力综合需要量计划时,要在工种工程量汇总表中列出不同建筑物不同专业工种的工程量编制。

各个建筑物不同工种的劳动量可以通过查劳动定额来获得,再根据总进度计划中各单位工程或分部工程的专业工种工作持续时间,就能够获得某一单位工程在某一时间段内的平均劳动力数量。通过同样的方法还能计算出各个主要工种在不同的各个时期内的平均工人数。之后,将总进度计划图表纵坐标方向上各单位工程同工种的人数叠加在一起并连成一条曲线,即为某工种的劳动力动态曲线。

劳动力需要量计划根据企业的施工进度计划、工程量、劳动生产率来对专业工种、进场时间、劳动量和工人数进行一次确定,并最终汇集成一个表格形式的计划,是企业调配现场劳动力的重要依据。

6.2.2　工程项目材料管理

6.2.2.1　建筑工程项目材料的分类

在建筑工程项目中,会用到各种各样的品种,因此,在工程造价中,材料费用占着较大的比重,所以,在工程项目管理中,加强对工程材料的管理是最主要的提高经济效益的途径之一。

建筑工程项目的材料有很多的分类标准,具体主要包括以下几种:

1)根据材料的作用分类

根据在工程项目中起到的作用,建筑材料可以分为 3 类:主要材料、辅助材料、其他材料。这种分类方法更方便制定材料的消耗定额,从而可以更好地控制成本。

2)根据材料的自然属性分类

根据自然属性,建筑材料可以分为两大类:金属与非金属材料。这样的分类有利于采购人员按照材料的化学性能、物理性能对工程项目所需的材料进行采购、运输以及保管等。

3)根据材料的管理方法分类

所谓 ABC 分类法指的是根据工程项目中材料价值所占的比重而进行的一种分类方法。该分类法有利于管理人员根据不同的对象来进行不同的管理,而且有利于发现需要重点管理的对象,进而能够获得更好的经济效益。

ABC 分类法是把成本占材料总成本 75%～80%,而数量占材料总数量10%～15%的材料列为 A 类材料;成本占材料总成本 10%～15%,而数量占材料总数量20%～25%的材料列为 B 类材料;成本占材料总成本 5%～10%,而数量占材料总数量 65%～70%的材料列为 C 类材料。在 ABC 3 类材料中,A 类材料,如钢材、水泥、木材、砂子、石子等,要进行重点管理,A 类材料会占用较多的资金,所以采购人员要控制好其订货量,尽量是库存最小,这样可以节约企业的成本;B 类材料是次要管理对象,因此,也要认真管理这类材料,根据经济批量订购,严格控制好库存,定期检查,根据企业的储备定额来储备;C 类材料则是一般的管理对象,对其稍微进行控制就可以,管理人员可以运用简化的方法来管理。

6.2.2.2 建筑工程项目材料的供应

1)企业管理层的材料采购供应

降低工程的成本、贯彻节约原则是对建筑工程项目的材料进行管理的主要目的之一。工程项目的采购供应是对材料进行管理与控制的一个极其重要的环节。建筑工程项目中需要采购的一些大宗材料与主要材料,应该让企业的管理层来负责,并且根据计划供应给项目经理部,因此,企业管理层的采购供应对于项目目标的实现具有直接的影响。

工程项目需要的一些大宗的、主要的材料由企业的物流管理部门来统一地进行计划、采购、供应、调度与核算以及效果评估,进而使工程项目的材料管理目标得以实现。具体而言,企业管理层在工程项目的采购供应方面的任务主要包括以下几方面:

(1)对于各项目经理部的材料需用计划进行综合,进而编制工程项目材料的采购与供应计划,对于材料管理的目标进行确定与考核。

(2)构建比较稳定的资源供应基地与供货渠道,在对于各种材料的信息进行广泛的搜集的基础上,发展各种不同形式的横向联合,形成多渠道、长期稳定的货源,要加强管理采购的招标工作,这有利于帮助企业获得价格低、质量好的材料,从而为降低工程项目的成本与提高工程的质量奠定良好的物质基础。

(3)制定本企业的材料管理制度,具体包括材料目标管理制度、材料供应和使用制度,并进行有效地控制、监督和考核。

2)项目经理部的材料采购供应

企业应该给项目经理部一定的采购权,自其授权范围内采购一些项目所需的材料,这样可以充分地调动项目管理层的积极性,确保物料的供应。建筑材料的市场随着市场经济的日益完善也势必会不断地发展扩大,项目经理也会拥有越来越大的材料采购权。此外,项目管理层对于企业管理层的采购供应可以提一些建议。

3)企业应建立内部材料市场

为了赚取更多的利益、降低成本、促进节约、提高竞争力,企业可以引入市场经济中的契约关系、价格调节、交换方式、竞争机制等,在此基础上构建自己内部的材料市场,满足自身各种建筑工程项目的材料需求。

在企业的内部材料市场中,卖方是企业的材料部门,而买方则是项目管理层,买卖双方签订的买卖合同会明确规定各方应享有的具体权益。工程项目所需的一些大宗材料、主要材料、周转材料以及各种工具都可以通过租赁或者付费的方式在企业的内部材料市场进行解决。

6.2.2.3　建筑工程项目材料的现场管理

1)材料的管理责任

在工程项目的材料管理中,以项目经理为全面的责任者与领导者,以项目经理部的材料员为直接责任人,此外,在主管材料员的业务指导下,班组料具员协助班组长合理地领料、用料、退料。

2)材料的进场验收

材料进场验收的重要意义主要表现在以下几个方面:①有助于使企业内外部的经济责任的界限更加清晰;②有效地避免进料过程中出现的差错事故;③减少因为相关的供应商、运输单位方面的责任事故使企业承担不应该有的损失。

(1)进场验收的要求。建筑工程项目的材料进场验收需要坚持准确及时、合理公正的原则,对于进场材料含有的有害物质要进行严格的检查,如果根据规范需要对材料一定要进行复检,没有检测报告或者复检不合格的材料不得进场,根据程序办理退货,不能使用与国家规定不符合的建筑材料。

(2)进场验收。在材料进场前,材料的现场管理人员要准备好存料的场地和设施,确保材料有畅通的进场道路,便于运输车辆的进出,具体的验收内容有:质量验收、单据验收、数量验收。

(3)验收结果处理。验收人员应该在验收进场材料后,根据相关的规定,认真地填写各种类型材料的检测记录。各种材料在验收合格后要及时地办理相关的入库手续,而且要及时地对入库材料进行登账、立卡、标识。另一方面,对于不合格的材料要存放于区别于合格材料的不合格区,并且要进行相应的标识,避免用于工程,此外还要对这些不合格的材料及其处理情况进行记录。对于已经进场或者入库的工程材料,如果发现其存在一定的质量问题,或者相关的技术资料不完善,收料员要及时地根据实际情况填写《材料质量验收报告单》,并且要上报给其上一级的主管部门来尽快进行相应地处理,而且对于这些材料要暂时不发放、不使用,按照原来的状态妥善地进行保管。

3)材料的储存与保管

应该按照工程材料的性能与所具有的仓库条件来对材料进行储存与保管。在材料的保管中,要严格按照相关的规范与程序进行,运用科学的保管与保养方法,从而降低材料的保管损耗,保持其原有的使用价值。

具体而言,材料储存需要满足下列要求:

(1)入库的材料要根据不同的型号、品种堆放在不同的区域,并且要分别编号、标识。

(2)对于易燃易爆的材料要进行专门的存放,并且安排专人来保管,而且存放的地方防火、防爆措施要严格按照相关规定建设与执行。

(3)对于那些有防湿、防潮要求的工程材料,管理人员要根据其性能与储存要求采取相应地防湿、防潮措施,而且要做好防湿、防潮的标识。

(4)对于有保质期的库存材料,相关人员要定期地进行检查,并且做好标识,防止过期。

(5)对于容易损坏的材料,要保护好其外包装,防止损坏。

4)材料的发放和领用

材料的领用与发放标志着料具转入了生产消耗,在这一过程中,相关管理人员要明确每个人的领发责任,严格按照办法手续进行材料的发放。在工程项目管理中,对于工程材料的领用与发放进行控制与监督是预防浪费与超耗、实现节约的一个重要措施。

任何有定额要求的用料,在材料领发的时候都要实行限额领料,而且要有定额领料单。所谓限额领料指的是企业在具体的施工阶段将物资消耗控制在一定的范围之内,这是企业降低材料成本、提高材料的使用效果的重要手段。

对于一些项目的超限额用料,要严格地按照相关程序进行申领,在用料前要规范填写超限额领料单,标明材料超额的原因,办理相关的手续,经过项目经理部相关材料管理人员的审批后才可以领取超限额的用料。

此外,在工程项目的实施中,要构建领发料台账,对于工程项目的材料领发以及节超情况进行如实的记录,在此基础上分析造成材料节超的原因,总结经验教训,进而不断地提高企业的材料管理水平。

5)材料的使用监督

为了确保材料的合理消耗,工程项目的材料管理部门还用对材料的使用进行监督,进而使材料的效用得到最大程度地发挥。具体而言,材料的使用监督包括以下内容:①在材料的运用过程中,是否严格按照规定来认真地执行领发手续;②有没有根据计划,合理地用料;③在材料的领用与运用工程中,有没有做到随领随用、工完料净、工完料退、场退地清以及谁用谁清;④有没有根据相关的规定进行工序交接和用料交底;⑤有没有按照要求对材料进行保护等。

6.2.3　工程项目机械设备管理

6.2.3.1　机械设备管理的内容

机械设备管理的内容具体包括:选择与配套机械设备、机械设备的检查和修理、机械设备的维修与保养、制定相关的管理制度、提高机械设备相关操作人员的技术水平、根据计划对机械设备进行改造与更新。

6.2.3.2　建筑工程项目机械设备的来源

在建筑工程项目中,机械设备的获取方式主要有以下几种:

1)企业自有

根据项目类型、施工特点等,建筑企业可以自己购置一些经常大量使用的机械设备,从而提高机械利用率和经济效益。对于这些企业自有的机械设备,项目经理部可进行调配或者租赁。

2)租赁方式

对于一些不适合企业自己配备的大型或者专用的特殊机械设备,建筑企业可以通过租赁的方式来获得。在租用其他单位的机械设备时,建筑企业要对以下内容进行核实:出租企业的营业执照与租赁资质;安全使用许可证;机械设备安装资质;机械操作人员作业证;设备安全技术定期检定证明等。

3)机械施工承包

建筑企业在下列情况下,可以通过机械施工承包的方式来进行:一些操作复杂的机械设备;工程量较大的工程;需要任何机械设备配合密切的工程。例如,高层钢结构吊装、大型网架安装、大型土方等。

4)企业新购

根据项目的具体施工情况,对于一些需要企业新购的机械设备,采购人员要认真进行调研,并且要编写研究报告,上报给相关的管理部门审批。

6.2.3.3 建筑工程项目机械设备的合理使用

为了确保建筑工程项目机械设备的正常运转,使其技术状况可以经常地保持完好,就需要合理地使用机械设备,减少事故的发生以及机件的过早磨损,使机械设备使用寿命更长,提高其生产效率。具体而言,合理地使用机械设备可以从以下几方面着手:

1)人机固定

机械设备的使用与保养要实行责任制,配专门的人来使用与保养,专人专机,从而使操作人员能够更熟练地掌握机械设备的基本性能与运转情况,严禁非本机人员上机器操作。

2)实行操作证制度

任何一个机械设备的操作与修理人员在上岗前都要进行相关的培训,并且要给每个人建立培训档案,使这些人员不仅要掌握机械设备的实际操作技术,还要了解与掌握一些机械构造等相关的理论知识,考核合格后才可以持证上岗。

3)遵守合理使用规定

机械设备的操作与使用人员必须要严格地遵守相关的使用规定,保护机件,避免其发生早期磨损,使机械设备的使用寿命与修理周期能够得到延长。

4)实行单机或机组核算

把机械设备的成本、维护以及利润结合起来进行考核,然后再根据具体的考核成绩来进行奖励与惩罚,这一举措有助于提高建筑企业对于机械设备的管理水平。

5)合理组织机械设备施工

工程项目的机械设备管理人员要加强对于机械设备的维修管理,合理地调配机械设备,提高项目机械设备的完好率以及单机效率。

6)做好机械设备的综合利用

在建筑工程项目中,要尽量使机械设备能够一机多用,提高其利用率,例如,垂直运输机械,也可在回转范围内作水平运输、装卸等。

7)机械设备安全作业

项目经理部应该在进行机械操作前向机械设备的具体操作人员讲解安全操作的具体规范,使其对于场地的环境、施工要求等安全生产要素有一个清晰的认识。项目经理部不可以违反安全操作程序要求设备操作人员进行违章作业,也不可以在设备有问题的时候进行操作,也不可允许或者指挥设备的操作人员进行野蛮施工。

8)为机械设备的施工创造良好条件

项目经理部要为机械设备的施工创设良好的环境条件,现场的施工环境、平面布置要符合工程机械设备的作业要求,要确保道路畅通,夜间施工需要创造良好的照明条件。

6.2.3.4　建筑工程项目机械设备的保养与维修

为了使建筑工程项目的机械设备可以长期地保持良好的技术状态,要加强对其维护与保养。在对工程设备进行维护与保养的时候要坚持"养修并重、预防为主"的原则,要定期地进行保养,处理好设备使用、保养以及修理间的关系,不可以只使用不保养,也不可以只维修不保养。

1)机械设备的保养

建筑工程项目中的设备保养坚持推广"十字"作业法,这种作业方法的主要内容为"清洁、润滑、调整、紧固、防腐",严格地根据设备使用说明书中要求的保养周期和项目进行定期的保养。

(1)例行(日常)保养。日常保养属于一种对机械设备的正常使用所进行的管理工作,主要在机械设备运行前后和过程中进行,一般不占用其运转时间,具体的保养内容有检查设备主要部件与易损部件的情况、检查燃油量和仪表指示、检查润滑剂与冷却液。一般情况下,设备的操作人员会自行完成设备的例行保养工作,而且在完成后要仔细地填写好保养记录。

(2)强制保养。建筑工程项目机械设备的强制保养是一种需要占用设备的运转时间而进行的保养,一般要根据一定的周期以及内容分级来进行。运转到了一定的时限,无论其任务是轻还是重,也无论其技术状态是好还是坏,都要严格根据相关的规定来进行保养,不能找各种理由进行拖延。

建筑企业要对设备使用的相关人员进行现代化管理教育,使相关部门的各级领导以及机械设备的使用与维修人员能够充分地认识到,对机械设备进行的维护与保养工作在很大程度上决定了其实用寿命以及完好率。如果仅仅看到眼前的利益,忽视了对设备的维护与保养,使机械设备一直到不能运转的时候才停用,就会使设备过早地磨损,使用寿命缩短,严重的时候可能还会对安全生产造成威胁。

2)机械设备的维修

所谓机械设备维修指的是修复其自然损耗,对其运行中的故障进行排除,更换与修复其损坏的零部件,从而确保其使用效率,延长其使用寿命。具体而言,建筑工程项目中的机械设备修理包括以下几种类型:

(1)大修理。大修理指的是要全面地对设备进行检查与修理,确保其各个零部件的质量符合要求,恢复其精度、可靠性等工作性能,维持其良好的技术状态,使其拥有更长的使用寿命。

(2)中修理。中修理指的是对于机械设备的一些主要零部件以及其他的数量较多的磨损件进行更换和修复,并对于设备的基准进行校正,恢复其性能、精度和效率,进而延长对其进行大修的间隔。

(3)小修理。小修理一般不列入修理计划,通常和保养结合进行,都是一些临时的安排,主要是为了解决一些设备的操作人员难以处理的一些突然发生的故障、一般事故性的损坏或者个别零件的损坏。

6.2.4　工程项目技术管理

6.2.4.1　项目技术管理的内容

项目技术管理指的是企业计划、组织、指挥、协调和控制自身承建的工程的各项技术活动与施工技术中的各项要素。技术管理基础工作和技术管理基本工作是项目技术管理的基本类型。

1)技术管理基础工作

技术管理制度、技术责任制度、技术标准和规程、技术原始记录、技术档案管理、技术情报工作和技术教育与培训等是技术管理基础工作的主要内容。

2)技术管理基本工作

(1)施工技术准备工作。会商图纸、施工组织设计、施工技术交底和安全技术等是其主要内容。

(2)施工过程技术工作。施工技术交底、安全技术、技术措施计划、技术核定与检查和"四新"试验等是其主要内容。

(3)技术开发工作。"四新"试验、对技术进行改造、革新与开发等是其主要内容。

6.2.4.2　工程项目技术管理制度

工程项目技术管理制度指的是,为了确保项目组织秩序运转正常,确保各项工作的质量和效率达到预期标准,企业在遵守国家法律、法规、方针、政策的基础上,对施工项目组织和职工活动进行约束,让其严格依照规定的措施、程序步骤、标准进行施工与管理。

1)图纸会审制度

明白设计意向,理解技术要求,察觉出现在设计文件中的偏差与漏洞,提出修正和会商意见,防止出现技术故障或经济和质量问题是图纸会审制度制订、执行的基本目标。

2)施工组织设计管理制度

根据企业的施工组织设计管理制度,应该将施工方案的分部分项工程部分的编制与实施与单位工程施工组织设计作为施工项目的实施细则的制订的主要内容。

3)技术交底制度

认真贯彻执行技术责任制,确保技术管理体系在运转过程中不会异常,严格依据标准与要求进行技术工作。

4)施工项目材料、设备检验制度

用在项目中的材料、构件、零配件和设备的质量要有保障,从而使工程质量得到保障。

5)工程质量检查及验收制度

对工程施工质量的控制进行强化,防止由于质量问题使工程项目出现无法消除的隐患,在评定质量等级过程中为其提供数据与情况,积累工程技术资料与档案。

6)工程技术资料管理制度

工程技术资料指的是,按照相关管理规定,在项目施工过程中产生的必须进行归档处理的各种图纸、表格、文字、音像材料的统称。工程施工及竣工交付使用要以其为必要条件,同时,检查、维护、管理、使用、改建和扩建项目工程也要以其为依据。

7)其他技术管理制度

为了确保相关技术工作能够运行正常,不能忽视其他技术管理制度的制订。这些技术管理制度主要包括:土建与水电专业施工协作技术规定、工程测量管理办法、计量管理办法、环境保护办法、工程质量奖罚办法等。

6.2.4.3 项目技术管理控制与考核

1)技术管理控制

技术开发管理,新产品、新材料、新工艺的应用管理,施工组织设计管理,技术档案管理,测试仪器管理等是技术管理控制的重要组成部分。

(1)技术开发管理。企业技术开发方向的确定要建立在了解自身特点与建筑技术发展走向的基础上,将自我研发和联合大专院校、科研机构进行技术开发的路径结合起来,将技术密集型作为公司发展的目标;科技投入量要逐年提升,技术研发力量要得到进一步强化,先进设备与设施的引进要得到进一步重视,确保将先进手段融入技术开发的过程中;逐步提升科技推广和转化力度;提高投入技术装备领域的资金,推动劳动生产率进一步提升;重视计算机与网络技术的开发与运用,在对施工技术等情报信息进行搜集的过程中充分发挥网络的作用,在采购过程中利用电子商务技术使采购成本下降等。

(2)"四新"的应用管理。其技术性能必须得到权威的技术检验部门的确认,并且取得相关的鉴定书,并对质量标准以及操作规范与程序加以明确后,才能运用到工程的施工过程中,并提高推广力度。

(3)施工组织设计管理。要想提高管理的科学性,提升施工水平与确保工程质量,企业必须高度重视施工组织设计这一手段。它能够避免施工的盲目性,保证在组织施工的过程中遵守设计、规范、规程等技术标准。认真地进行调研是施工组织设计管理的前提,同时在制定措施的过程中要充分调动技术人员与管理人员的积极性,让施工组织设计与实际情况相符,并行之有效。

(4)技术档案管理。技术档案记载了各建筑物、构筑物的历史真实面貌,凝结了所有项目工作人员的心血与才学。统一领导、分专业管理是技术档案管理必须遵循的基本原则。迅速、精确、完整,分类正确,传递及时,与地方法规相符,无遗漏问题是收集资料的根本要求。

2)技术管理考核

研究与评估技术管理工作计划的执行,技术方案的实施,技术措施的实施,技术问题的处置,技术资料收集、整理和归档以及技术开发,新技术和新工艺应用等情况是项目技术管理考核的主要内容。

6.2.5　工程项目资金管理

工程项目资金管理指的是,企业管理项目建设资金的预测、筹集、支出、调配等工作。在基本建设项目的全部管理中,资金管理处于关键位置。若资金得到了妥善管理,那么资金供给就会得到有效保障,基本建设项目工程实施就会非常顺遂,达到预计甚至超过预计的目的;但是,如果资金得不到妥善管理,那么基本建设项目的进度就会放缓,出现损失与浪费问题,基本建设项目目标的完成也会受到影响,情况严重的话,会导致基本建设项目整体遭到挫折。

6.2.5.1　项目资金使用管理

为达到资金管理便利,资金利用效率提高的目的,规模较大的建筑业企业通常会在自身的财务部门设置项目专用账号,通过财务部门预测自身承建项目施工过程中的项目资金收支情况,对外进行统一的收支与结算。而项目资金的使用管理则由施工项目经理负责。其操作方法包括以下几个方面:

1)内部银行

内部银行又被称为企业内部结算中心,以商业银行运行机制为基础,将专用账号分配给企业内部各核算单位,即内部流通部门与生产部门,对各单位货币资金收支进行核对,将企业的所有资金收支与内部单位的存贷款业务,全部归于内部银行。根据对存款单位负责、账户专用、不许透支、存款有息、借款付息、违章罚款的要求,内部银行以市场化的方式对金融进行管理。

管理企业财务也是企业内部银行的一项重要职能,预测项目资金的收支情况,对外统一进行收支和结算,对通过贷款募集的资金和内部单位之间的资金借款进行对外统一办理,并承担交纳企业内部各单位利税与费用的组织工作,进而使企业内部的资金调控管理作用得到充分发挥。

1)项目专用账号

内部核算的项目经理部,通过独立身份变成企业内部银行的客户。

非内部核算的项目经理部,通过自身与企业的项目管理公司核算之间的从属关系变成企业内部银行的客户。

在内部银行,不管利用何种形式,项目经理部都能够开设项目专用账号,这为项目经理部使用管理资金奠定了基础。

存款账号与贷款账号是项目专用账号的两个基本类型。透支情况在内部银行中是不允许出现的,然而考虑到,为了在租金周转暂时出现困难时不耽误工程进度,一些项目部就会向内部银行贷款,因此,除了要设立存款账号外,必须在有需要时设立贷款账号。

使用管理项目资金的前提是,对项目资金管理责任制进行建立与完善,将项目经理负责使用管理项目资金的原则进行明确,项目经理部财务人员主导日常工作的组织,以统一管理、归口负责、业务交圈对口为工作目标,使责任制得到确立,对相关职能人员包括项目预算员、计划员、统计员、材料员、劳动定额员等的资金管理职责和权限进行界定。

6.2.5.2 项目资金的控制与监督

1)投资总额的控制

工程周期长、涉及的资金数额庞大是基本建设项目的主要特点,人们通常由于各种主观与客观原因无法在项目初始阶段就形成一个符合建筑规律的,不需改动的投资控制目标。因此,资金管理部门必须保证在投资决策阶段、设计阶段、建设施工阶段,产生于工程建设中的整体费用不超过原定的资金额度,并定期对其进行完善,将最大的收益建立在最小的投入的基础上。然而也不能将削减成本当作投资控制的全部,而应重视投资、质量和进度之间的关系。只有如此,投资收益增加这个基本目标才能完成。

2)投资概算、预算、决算的控制

"三算"的关系属于层级之间的控制,概算控制预算,预算控制决算。通常情况下设计概算不能被超越,这是因为它是投资的最高额度。以设计概算为基础所进行的必要完善与进一步形象化就构成了施工预算。竣工决算是竣工验收报告的主要内容,它是能够对建设成果进行综合反映的书面总结,其主要作用是对基建管理工作进行归纳。

3)加强资金监管力度

第一,项目部在审批过程中严格遵守程序,具体表现为建设资金申请由项目各部门提出;审查由项目分管领导负责,相关部门可以参与;决策权掌握在项目经理手中。

第二,应该对经济责任进行明确,在遵循经济责任制原则的基础上签订"经济责任书",并对其执行情况进行监督,负责人的升职、奖励与惩处都要以核查结果为依据。

6.3　建筑工程项目的采购与资源管理案例

6.3.1　建筑工程项目的采购管理案例

6.3.1.1　自制/外购分析

某项目实施需用甲产品,若自制,单位产品变动成本为 12 元,并需另外增加一台专用设备价值 4000 元;若外购,购买量大于 3000 件,购价为 13 元/件;购买量小于 3000 件时,购价为 14 元/件。

问题:

该项目组织如何根据用量做出甲产品是自制还是外购的决策。

分析与解答:

假设 X_1 表示用量小于 3000 件时,外购产品转折点;X_2 表示用量大于 3000 件时,外购产品转折点;X 表示产品用量。

则:用量小于 3000 件时产品外购成本为 $Y=14X$

用量大于 3000 件时产品外购成本为 $Y=13X$

产品自制成本为 $Y=12X+4000$

根据上述成本函数可求:

转折点 X_1:$12X_1+4000=14X_1$　　$X_1=2000$(件)

转折点 X_2:$12X_2+4000=13X_2$　　$X_2=4000$(件)

3 条成本曲线及转折点如图 6-4 所示。

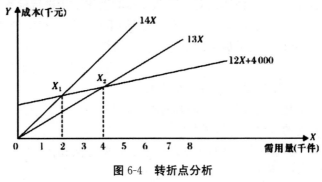

图 6-4　转折点分析

根据上述分析可知：

(1)当用量在 0~2000 件时，外购为宜。

(2)当用量在 2000~3000 件时，自制为宜。

(3)当用量在 3000~4000 件时，外购为宜。

(4)当用量大于 4000 件时，自制为宜。

6.3.1.2　短期/长期租赁

一个公司若短期租赁一种设备，租金按天计算，每天 100 元；也可以长期租赁，租金每天为 60 元，但必须在开始时交纳固定手续费用 5000 元。

问题：

该项目组织如何根据预计使用天数做出设备是短期还是长期租赁的决策。

分析与解答：

假设预计租期为 X 天时长、短期租赁费用相等，则

$$100X = 5000 + 60X$$

$$X = 125(d)$$

若公司预计租用设备不超过 125d，应选择短期租赁；若预计租用设备超过 125d，应选择长期租赁更合适。

6.3.2　建筑工程项目的资源管理案例

6.3.2.1　人力资源管理和行为科学

为了提高项目团队的创造力，建设一支高效的团队，某个建筑企业的项目经理构建了一套完整的绩效评估体系对于团队成员的工作质量进行检查与评估。这一评估体系有完善的激励机制，其人力资源管理的重点是行为科学的理论。实施后，这一考评体系充分地调动了员工的创造性与积极性。

问题：

(1)建设高效团队应做好哪些方面的工作？

(2)行为科学基本理论的主要内容有哪些？

(3)解决冲突的一般方法有哪些？

(4)在项目人力资源管理中，可采取哪些激励的方法和技巧？

分析与解答：

(1)建设高效团队应做好如下几个方面的工作:①配备好团队成员;②加强对团队内成员的培训;③加强对团队成员的激励;④加强对冲突的有效管理;⑤加强团队内的文化建设;⑥提高团队成员间的凝聚力;⑦提高团队的士气。

(2)行为科学的基本理论:①需要层次论:从高到低,人的需要可分为 5 个层次,即生理需要、安全需要、社会需要、尊重需要、自我实现需要,其中前面 3 个层次是最基本、最持续的需要。②双因素理论:一类是保健因素(内部因素),包括工作环境、工资、公司的制度、人际关系、工作条件等;一类是激励因素(外部因素),包括成就、认同感、工作性质、提升职位与职称等。③期望值理论:某一活动对人的激励力量,取决于它所得到的结果的全部预期价值及达到该成果的预期概率。以 M 代表期望值,以 V 代表效用,以 E 代表概率,$M=VE$。

(3)解决冲突常用的方法:协商、妥协、缓和、强制、退出等。

(4)项目人力资源激励主要是研究怎样地将人的动机和项目所提供的工作机会、条件和报酬有效地结合起来,具体而言,可采取以下激励措施:①根据员工自身的实际情况采用不同的激励手段;②适当地扩大实际效价的档次,对奖励间的效价差进行控制;③重视对员工期望心理与公平心理进行疏导;⑤树立合理的奖励目标;⑥坚强对奖励的时机与频率的控制,注重综合效价。

6.3.2.2　机械设备选购

某建筑公司有一项土方挖运施工任务,基坑深为 -8.5m,土方量为 10000m³。该公司拟采用租赁挖土机形式进行土方开挖施工,租赁市场上有甲、乙液压挖土机,甲、乙液压挖土机台班单价分别为 1000 元/台班、1200 元/台班,台班产量分别为 500m³、750m³。

租赁甲液压挖土机需要一次支出租赁费 20000 元,租赁乙液压挖土机需要一次支出租赁费 25000 元。

问题:

(1)该建筑公司应租赁哪种液压挖土机?

(2)若土方量为 15000m³,该建筑公司应租赁哪种液压挖土机?

(1)挖土机每立方米土方的挖土直接费各分别如下:

甲机 $1000\div500=2.00$ 元/m³

乙机 $1200\div750=1.6$ 元/m³

设土方开挖量为 Q,则:

租赁甲机的土方开挖费用为:$F_1=Q\times2+20000$

租赁乙机的土方开挖费用为：$F_2 = Q \times 1.6 + 25000$

当 $F_1 = F_2$，即：$Q \times 2 + 20000 = Q \times 1.6 + 25000$

$Q = 12500\text{m}^3$

因施工合同的土方量为 $10000\text{m}^3 < 12500\text{m}^3$，该建筑公司应选用乙液压挖土机。

(2)土方量为 $15000\text{m}^3 > 12500\text{m}^3$，该施工单位应选用甲液压挖土机。

第 7 章　建筑工程施工项目质量控制与安全管理研究

随着我国经济的持续发展,基本建设投资规模迅速增加,带动了建筑业的快速发展,人们越来越重视建筑工程的质量,建筑工程质量的优劣是影响工程适用性的重要因素,同时也直接影响着人们的生命财产安全,因此,在工程建设过程中,对施工质量要加大管理力度,确保建设的高质量和人民生命财产的安全。此外,建筑工程是一个高风险的行业,对建筑工程项目进行安全管理具有非常重要的意义。本章主要阐述施工项目质量控制体系、施工项目质量控制与验收、建筑工程施工安全管理以及建筑工程文明施工管理。

7.1　施工项目质量控制体系

7.1.1　施工项目质量

7.1.1.1　施工项目质量的概念

施工项目的质量主要是指操作质量,也就是施工人员根据施工图纸及相关规范的要求进行施工,任何一个项目的施工,都必须保证工程对象结构的安全性、可靠性、耐久性以及该工程的可用性、使用效果和产出效益、运行的安全度和稳定性。各个工种的操作质量以及各个施工工序都对施工项目的质量起决定性作用,其主要影响因素有人、材料、方法、施工设备与运行设备、环境 5 个方面(简称 4M1E)。

因为管理会对施工项目质量产生很大影响,所以我国在施工质量管理上形成多方参与管理的格局。施工项目质量管理分 4 个层次:业主方,通过聘请监理企业以及直接参与,加强施工现场的质量管理;政府方,通过宏观的质量管理活动以及惩罚劣质工程,奖励高质量工程等调节手段来把控建筑市场在质量管理方面的秩序;施工企业,为了调节和把控在项目实施过程中的质量监督问题,可以通过制定企业质量管理体系、调节企业资源等手段进行全面质量管理行为;施工项目部,为了保证施工项目的质量可以通过对形成施工项目质量的具体活动进行全面的、全过程的管理来实现。

7.1.1.2 施工项目质量的特点

因为施工项目涉及的范围比较广泛,过程也比较复杂多变,不同项目的规模、要求、项目方案、作业条件等都是不一样的,所以,施工项目的质量比一般工业产品的质量更难以控制,主要表现为以下几点:

1)质量的影响因素多

如设计、材料、机械条件、各种自然条件、方案、操作方法、管理制度等,都能直接影响项目进展和项目质量。

2)容易产生第一、二判断

因为施工项目比较复杂,所以其工序交接多、中间产品多,隐蔽工程多,如果在项目进行过程中,对一些工序或中间产品的质量不进行严格把控,事后再看表面,就容易产生第二判断错误,换句话说,很容易对不合格的产品产生误判,产生滥竽充数的现象;如果检查不认真,测量仪表不准,读数有误,则会产生第一判断错误,换句话说,对合格产品产生误判,使之打入不合格的行列之中。

3)质量检查不能解体、拆卸

在工程竣工后,可能会发现存在一些问题,但是由于其特殊性,是很难像一般物品一样,进行拆卸或解体来检查内在的质量或重新更换配件,也不可能像工业产品那样,向业主实行"包换"或"退款"处理。

7.1.1.3 施工项目质量的影响因素

1)人

人是指直接参与工程建设的组织者、决策者、指挥者和操作者。造成工程质量存在问题的因素包括技术、管理、环境等,但是这都与人有关,归根到底质量问题的主要原因就是人的问题。作为控制的动力,应充分调动人的积极性;作为控制的对象,人应尽可能避免产生错误或过失。工程实践中应增强人的质量观和责任感,这样才能高质量的保证工程项目的实施。最关键的是要求所有工程管理人员都必须具有相应的能力(较长的工作经验、组织管理能力等)、知识(专业知识、学历)、素质(如具有团队精神、良好的职业道德等)。

2)材料

工程施工的物质条件和质量保障的基础是材料,只有保障了材料的质量才能够对工程的质量起到保障作用,所以,要实现对工程质量的保证,必须加强材料的质量控制。

3)方法

方法包括在整个工程项目过程中所采取技术方案、工艺流程、计划与控制手段、检验手段等各种技术方法。为了达到工程项目目标,方法是重要手段和保障,不管工程项目采取哪个技术、工具、措施,都必须把控工程质量,保证工程的顺利进行。

4)机械设备

机械设备的控制包括施工机械设备和生产机械设备两大类。工程项目实施的重要物质基础是施工机械,工程项目的组成部分是生产机械设备。为了保证工程项目质量目标的实现,应对生产机械设备、施工机械的购置、设备的检查验收、设备的安装质量和设备的试车运转加以控制。

5)环境因素

实际中存在各种能够对工程项目质量产生影响的环境因素,如社会环境、工程管理环境等,这些环境因素具有复杂、多变、不确定的特点,难以控制。要想对其进行有效控制,关键环节就是要进行充分调查研究,并且要进行科学合理的预测,能够提前对各种不利因素以及突发情况采取应对措施。

7.1.2　施工项目质量管理

7.1.2.1　施工项目质量管理内容与方法

1)施工项目质量管理内容

施工项目质量管理内容包括以下几点:

(1)确定控制对象,例如一个分项工程、安装过程等。

(2)规定控制的标准,即对控制对象应达到的质量要求进行详细说明。

(3)确定具体的控制方法,例如工艺规程、控制用图表等。

(4)明确所采用的检验方法,包括检验手段。

(5)对工程实施工程中的进行各项检验。

(6)解析标准和实测数据之间发生差异的原因。

(7)解决差异所采取的方法和手段。

2)施工项目质量管理方法

施工项目质量管理方法如图 7-1 所示。

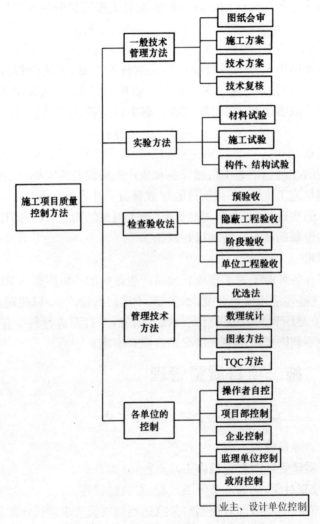

图 7-1　施工项目质量管理方法

7.1.2.2　施工项目质量管理体系的建立与运行

施工项目质量管理体系指的是对质量目标与施工项目质量方针进行构建,并完成上述目标与方针的体系,主要包括质量策划与质量控制体系。质量保证体系运转良好是完成施工项目质量目标的前提,为了使施工项目管理的质量目标完成,质量保证体系在质量管理体系运行过程中必须运转良好。

对质量管理体系的程序进行构建或调整时应遵循 SO9000:2000 族标准,组织策划与总体设计、质量管理体系的文件编制、质量管理体系的实施运行是这一体系的一般阶段。

1)质量管理体系的策划与总体设计

最高管理者为了使组织决定的质量目标的要求和质量管理体系的整体要求得以实现,必须让质量管理体系的策划得到有效保障,而使管理体系的整体性得以维持,是策划与施行质量管理体系变更的基本要求。组织的各种要求、具体目标、所提供产品、所采用的过程以及规模和结构是影响其质量管理体系规划与施行的主要因素。

施工项目质量管理体系的策划指的是在把握顾客要求的基础上,施工项目组织遵循八项质量管理原则,对项目组织的质量方针、质量目标、质量手册、程序文件及质量记录等体系文件进行制定,对项目组织在生产(或服务)全过程的作业内容、程序要求和工作标准进行明确,将质量目标分解成多个子目标,并贯穿于子目标所对应的层次、岗位的职责中,建立质量管理体系执行系统的所有活动。

施工项目质量管理体系应该是施工项目管理体系的一项主要内容,它反映了在施工项目上,企业质量管理体系的应用情况,其包括的内容和企业质量管理体系基本一致。然而,在策划施工项目质量管理体系的过程中,保证一致性与包容性成为施工项目各参加者的质量体系的主要特点,必须尽量将业主的或业主所提出的质量体系作为标准,并在合同、施工项目实施计划、施工项目管理规范中得到体现,在施工项目组织得到贯彻。

策划施工项目质量管理体系,必须利用过程方法模式,在一系列相互关联的过程规划完善的基础上进行项目实施,施工项目实施过程与施工项目管理过程是其重要组成部分;必须对保证质量目标实现与持续改善的包括人员、基础设施、环境、信息在内的资源进行识别,使持续自我改进成为施工项目质量管理体系的一项重要功能;必须对组织各层级的工作人员进行培训,让全部员工都能掌握体系工作和执行要求,并使其在所有人员的工作过程中得到落实,保证全部工作人员都能够参与施工项目过程和施工项目产品的质量工作。

1)施工项目质量管理体系文件的编制

施工项目质量管理体系文件指的是,为了使工程的预期质量目标得以实现,在项目进行的过程中,所编制的关于实施和管理过程的各种具体要求。编制时必须对施工项目的实际情况进行认真分析,在满足标准要求、确保控制质量、提高组织全面管理水平的前提下,对质量管理体系文件进行编列,而这套质量管理体系文件必须具有效率高、易操作、实用性强的特点。编制质量管理体系文件的程序包括以下几个方面:

(1)按照选择的质量管理体系标准,对与之相对应的质量管理体系文件要求进行明确。

(2)利用包括调查问卷或面谈在内的各种方法,对当前与质量管理体系和过程相关的数据进行搜集。

(3)将当前适用的质量管理体系文件全部进行编列,对所有文件进行认真研究,从而对其可操作性进行明确。

(4)将文件编制以及适用的质量管理体系标准或选择的其他准则作为承担编制文件工作的员工的培训内容。

(5)从运作部门寻找并获取其他源文件或引用文件。

(6)对计划编制的文件的布局与形式进行明确。

(7)对涵盖质量管理体系领域全部过程的流程图进行编制。

(8)为了对后续的更改加以识别与实施,要认真研究流程图。

(9)在试运行的基础上对这些文件进行确定。

(10)通过在组织内运用别的合适的手段,完成质量管理体系文件。

(11)评审与批准是文件发布前的必经程序。

3)质量管理体系文件的构成

体系文件的完善是建立、健全质量管理体系的重要前提,运行、核查和改善质量体系都要以文件的规定为依据,实施质量管理的成果也必须以文件的形式呈现出来,用来证明产品质量与有关规定、标准相符,以及质量体系的实效性。质量体系文件的编制与利用工作本来就具有动态管理的性质。

根据GB/T19023—2003可以得知,质量方针和质量目标、质量手册、程序文件、作业指导书、表格、质量计划、规范、外来文件、记录是质量管理体系文件的重要组成部分。

(1)质量方针和质量目标。质量方针与质量目标明确了组织质量管理的趋势与目标,体现了项目组织质量经营观念,是对业主和社会对工程施工质量的要求及项目组织相应的质量标准与服务承诺的具体体现。其在表达的过程中应该尽量使用简练的文字,并以文件的形式呈现出来,能够形成单独的文件或附在质量手册之中。

(2)质量手册。质量手册是对项目组织构建质量管理体系进行规范的文件,它系统、完整与简要地阐述了项目组织质量体系。任何一个组织的质量手册都是独一无二的,在一本质量手册中,细致阐述质量管理体系(包括按照 GB/T19001 要求建立的所有程序文件)对于项目组织来说应该是比较合适的。质量方针和质量目标;组织、职责和权限;引用文件;质量管理体系的描述;质量手册的评审、批准和修订是质量手册的基本组成部分。由于质量手册在项目组织质量管理系统中发挥着引领性作用,指令性、系统性、协调性、先进性、可行性和可检查性应该成为其必须具备的特征。

(3)程序文件。质量体系程序文件对质量手册有着很大的支撑作用,它反映了项目组织的相关职能部门为了使质量手册要求得到贯彻执行而规定的细则。程序文件包括为使质量管理工作得以贯彻执行,项目组织构建的全部规章制度与管理标准。程序文件的标识应该独一无二,并且必须由项目组织在方案内容、流程图、表格以及三者组合,或项目组织所需的一切其他合适的方法的基础上对其结构与格式进行规定。在对全部组织程序文件的内容及详略进行确定时应该以项目组织情况为依据。通常通用性管理程序包括文件控制程序、质量记录管理程序、内部审核程序、不合格品控制程序、纠正措施控制程序和预防措施控制程序等,各类项目组织对上述程序的制定都要在程序文件中进行。

作业指导书可作为程序文件内容的一个重要来源,它对活动开展的手段做了详细规定。一般情况下,跨职能的活动是程序文件阐述的重点,而作业指导书却只能对单一的职能活动进行指导。工作的复杂程度、使用方式以及工作人员在从事此项工作时所必需的技能与培训的标准直接决定了程序文件描述工作的详略程度。不管程序文件的详略究竟达到何种程度,其都要对员工和(或)项目组织职能部门的职能和权责及它们在程序中的关系进行界定。在界定的过程中一般会运用流程图和文字描述的方法。

(4)作业指导书。如果有的工作缺少作业指导书会影响进度,就必须制定作业指导书,并将作业指导书对其的描述贯穿工程的始终。工作的复杂程度、使用方法、员工培训以及员工的技术与层级对作业指导书的结构、格式以及详略程度有着很大的决定作用,此外作业指导书的结构、格式以及详略程度也必须与项目工作人员的需求相一致。作业指导书描述的应该是起决定作用的活动,并且必须对应作业的步骤,不管它详略程度如何,都应能够对所覆盖的工作范围形成有效控制。

(5)质量计划。质量管理体系文件的一项重要内容就是质量计划。质量计划仅需利用质量管理体系文件,对自身怎样在特定状况下运用进行描述,对项目组织怎样使具体产品、过程、项目或合同所包括的特定要求得以实现进行明确,并最终以文件的形式呈现出来。在进行质量计划编制的过程中,必须对质量计划的范畴加以确定。特定的程序、作业指导书和(或)记录是质量计划的基本组成部分。

项目组织在承包合同情况下通过质量计划就怎样使特定合同的特殊质量要求得以满足向顾客进行说明,顾客可以根据质量计划对项目组织进行质量监督。假如顾客要求项目组织必须向自己提交质量计划,那么获得顾客的认同就成为项目组织编制质量计划的重要目标。一旦顾客认同此质量计划,项目组织应该在施工过程中认真遵守这个计划的要求,顾客在对项目组织是否遵循合同规定的质量要求进行判断的过程中会将质量计划作为主要依据。因此,取得顾客的同意就成为项目组织在施工时对质量计划进行较大改动的前提。

(6)质量记录。质量记录是"阐明所取得的结果或提供所完成活动的证据文件",它体现了产品质量水平以及各项质量活动在企业质量管理体系中的结果。为了对质量达到合同要求及质量保证的满足程度进行证实,应该实事求是地记录质量体系程序文件所规定的运行过程及控制测量检查的内容。如果控制体系中产生了偏差,那么质量记录不但应该对偏差状况进行体现,而且必须体现项目组织对工程短板所实施的修改方法与修改成效。

质量记录必须将质量活动实施、检验和评估审核的状况彻底地体现了出来,并且将核心工作的过程参数进行详细记录,可追溯性是其主要特征。质量记录在进行的过程中应该遵循特定的形式与步骤,并且具备实施、验证、审核等签署意见。

4)质量管理体系的运行

质量管理体系的运行指的是在生产及服务的全过程,根据质量管理文件体系制定的程序、标准、工作要求及目标分解的岗位职责进行操作运行,并根据各类体系文件的要求,对过程的有效性和效率进行全程跟踪、测量与研究,按照文件规定认真做好质量记录,对过程的数据与信息进行持续收集、记录,使产品的质量和过程符合要求及可追溯的效果得到全面体现。

为了使质量管理体系得到有效落实,应该在管理评审与核查的过程中严格遵循文件规定的办法,使质量体系的内部审核程序得到贯彻执行,内部质量核查工作在开展的过程中应该有组织有计划。通过核查工作,使工作中出现的问题充分暴露出来,利用各种方法,持续改善整个工作过程。

7.2　施工项目质量控制与验收

7.2.1　施工项目质量控制

7.1.2.1　施工项目质量控制的内涵

工程产品质量有一个产生、形成和实现的过程。在这一过程中，要进行一系列的作业技术和活动来使产品产生适用性，产品若想满足质量要求就要对一系列的作业技术和活动进行有效控制。为了达到工程项目质量要求，全过程跟踪监督、检查、检验、验收施工质量就是施工项目质量控制。

工程施工的涉及范围大，过程相当复杂，此外，还有工程项目位置固定、生产流动、结构类型不一、质量要求不一、施工方法不一、体型大、整体性强、建设周期长、受自然条件影响大等方面的问题，所以与其他工业产品的质量保证相比，显然更难保证施工项目的质量。要从工程投标承包、合同评审就开始控制施工质量，直到贯穿整个施工过程及保修期满。

7.1.2.2　施工项目质量控制的基本原则

1）坚持质量第一

建筑产品的使用价值集中体现于工程质量之中，因此往往人们最在意的就是工程的质量，要深刻落实"百年大计，质量第一"。

2）坚持以人为控制核心

质量是由人制造出来的，因此要使人发挥自己的主观能动性去控制施工质量，坚持以人为质量控制核心。

3）坚持预防为主

要做到未雨绸缪，将能够对产品质量产生影响的因素特别是主要因素使用一定的方法进行控制，争取做到不产生质量问题或者一产生质量问题就将其消灭在摇篮之中。

4）坚持质量标准

评价工程质量优劣就要依靠质量标准，质量控制的根本依据是数据。要利用数据对工程进行严格的检查以确定工程是否符合质量标准。

5)坚持全面控制

全面控制就是要在整个过程中进行质量控制。为使工程质量得到保障和提高,必须在建设程序的全过程进行质量控制,这个过程不仅包含施工过程,还包括勘察设计至使用维护的整个过程。

6)全员的质量控制

从普通员工到项目经理都要致力于提高工程施工质量。要调动项目所有员工的积极性和能动性进行质量控制,做到人人关心质量控制,人人做好质量控制工作。

7.1.2.3 施工各阶段的质量控制

1)施工准备阶段的质量控制

(1)在签订完施工合同之后,项目经理一定要向对方索要设计图纸、施工合同副本以及技术资料,并派人专门管理这些,及时清理无效文件,公布有效文件,确保施工过程中文件有效。

(2)应依据设计文件和设计技术交底的工程控制点,按照相关规定复测,在这一过程中若有问题要马上联系工程设计者并解决,且要记录下来。

(3)在编制项目质量计划之前,项目技术负责人要审核图纸,并且要记录下来。

(4)项目经理要根据质量计划中工程分包和物资采购进行控制规定,以便选择分包人和供应人,并记录。

(5)要偶尔给所有施工人员培训关于质量以及技能方面的知识,并记录下来。相关条件都得到满足之后,将开工申请报告提交给监理工程师,审批通过后才能开工。

2)施工阶段的质量控制

(1)技术交底。①在对单位工程、分部工程以及分项工程进行施工之前,应由项目技术负责人进行对承担施工的负责人或分包人的书面技术交底。这些资料必须办理签证手续;②施工时,项目技术负责人要向相关人员提供书面技术交底才能更改发包人或监理工程师提出的有关施工方案、技术措施及设计。

(2)测量控制。①测量控制方案的编制要赶在开工之前,并且具体实施要等到项目技术负责人批准之后,并保存记录;②不能随意移动施工过程中所设的测量点线。

(3)材料控制。①企业应首先确定合格材料供应人的名单,项目经理部要根据名单按计划招标购买原材料、半成品和构配件;②搬运和储存要符合搬运储存规定建立台账,账物相符;③根据产品标识的可追溯性标识原材料、半成品、构配件;④不准使用没有检验过的或者检验不合格的原材料、半成品、构配件和工程设备;

⑤根据规定严格验证发包人提供的原材料、半成品、构配件、工程设备和检验设备,但是发包人提供合格产品的责任并不随验证结束而消失;⑥工程师对承包人自行采购物资的验证,不能免除承包人提供合格产品的责任,也不能排除其后发包人的拒收。

(4)机械设备控制。①采购和调配施工设备要按照施工组织设计的设备进场计划来完成;②现场的施工机械应达到配套要求,充分发挥机械效率;③机械设备操作人员要持证上岗,维护机械设备,保证设备完好。

(5)环境控制。①按照《ISO14000:1996 环境管理体系》的相关规定建立项目环境监控体系,取得反馈信息,并根据反馈信息进行计划变更;②施工环境要安全文明,不胡乱堆放材料保持环境整洁,道路通畅。

(6)计量控制。关于计量器具的使用、保管、维修和检验,计量人员要按照相关规定进行有效控制,进而保证在施工中计量器具的合格使用,监督计量过程的实施,保证计量准确。

(7)工序控制。①施工人员在施工时要符合操作规程、作业指导书和技术交底;②根据过程检验和试验规定进行工序的检验和试验,若有不合格处,要及时根据不合格控制程序进行处理;③以《施工日志》的方式记录施工进程。

(8)特殊过程控制。①对在项目质量计划中界定的特殊过程,应设置工序质量控制点进行强化控制;②控制特殊过程时,不仅要按照一般的过程去进行控制,还要由专业技术人员编制作业指导书,经项目技术负责人审批后执行。

(9)工程变更控制。不管什么原因要变更工程施工,都要严格按照执行工程变更程序,相关单位批准后才能够实施。

(10)成品保护。应采取有效措施妥善保护成品,以提高工程实体质量。

3)交工阶段的质量控制。①完成单位工程之后,一定要进行最终检验和试验评定。工程负责人要按照编制竣工资料的要求收集、整理质量记录;②项目技术负责人应组织有关专业技术人员按最终检验和试验规定,对评定的准确性及竣工内容,根据合同要求进行一次全面验证;③对查出的施工质量缺陷,应按不合格控制程序进行处理;④项目经理部应组织有关专业技术人员按合同要求编制工程竣工文件,并做好移交准备;⑤在最终检验和试验合格后,应采取防护措施,保证将符合要求的工程交付给发包人;⑥工程交工验收完成后,项目经理部应编制符合文明施工和环境保护要求的撤场计划。

7.2.2　施工项目质量验收

建筑企业质量管理中的一个重要内容是施工项目的质量验收工作。质量验收是生产过程中一项正常的也是必须要进行的工作,只有经过质量验收才能确保建筑工程项目保持良好的质量状态。另一方面,工程项目的质量验收工作还具有预防的功能,严格掌控好上一过程的质量,就可以对下一过程起到预防的作用,能够避免不合格的产品转入下一个过程。

施工项目的质量验收工作应该贯穿在工程的全过程中,主要是为了对于工程项目的质量动态有一个清晰的认识,提早发现工程可能存在的质量隐患,进而有效地控制工程的质量。施工项目的质量验收通常在某一检验批、分项工程、分部工程或单位工程完成后实施,其验收标准是国家相关法律法规规定的技术标准。通过质量验收可以不断地提高建筑工程项目的质量。

7.2.2.1 建筑工程施工项目质量验收的依据

建筑工程项目质量验收的依据主要有以下几种:

(1)国家与相关的主管部门颁发的相关验收标准和规范、工艺标准以及技术操作规程。

(2)一些设计文件,如设计图纸、标准图、设计修改通知单以及施工说明书等。

(3)建筑工程项目机械设备的制造厂家所提供的产品说明书以及有关的技术规定。

(4)原材料、半成品、成品、构配件及设备的质量验收标准等。

7.2.2.2 工程项目质量验收的划分

建筑工程项目的质量验收具体可以分为以下几种:

1)单位工程的划分

在对单位工程进行划分的时候需要坚持以下原则:

(1)施工条件独立,而且可以形成具有独立使用功能的建筑物和构筑物的就是一个单位工程。

(2)有些单位工程的建筑规模较大,因此,其可以构成独立使用功能的部分就可以成为一个子单位工程。

单位(子单位)工程划分的基本条件就是要有独立的施工条件,可以形成独立的使用功能,具体划分主要有建设单位、施工单位以及工程监理单位在施工前自行通过商议来决定,并且在施工技术资料的搜集与整理、工程项目的验收中以此为依据。

2)分部工程的划分

在对分部工程进行划分的时候一般坚持以下原则:

(1)以建筑部位以及专业性质为对分部工程进行划分的重要依据。

(2)如果分部工程相对较复杂、较大,还可以根据施工的特点与程序、材料的种类、专业系统与类别来进行划分。

此外,在建筑工程中,电气安装分部工程中的强电与弱电部分还会单独出来,形成建筑电气分部与智能建筑分部两个独立的分部工程。

3)分项工程

分项工程的划分依据主要有材料、工种、设备类别以及施工工艺。

一个或者若干个检验批可以组成分项工程,检验批一般根据具体的施工情况、质量控制与专业验收的需要按照施工段、楼层以及变形缝等来划分。

在对工程项目进行质量验收的时候,将分项工程划分成不同的检验批来进行,可以对于项目施工中存在的一些质量问题进行及时的纠正,不仅能够使工程的质量得到保证,也与项目施工的实际需要相符合。

单层建筑工程的分项工程一般根据变形缝等来划分检验批,而多层和高层的建筑工程中的分项工程则通常以楼层或者施工段为依据来划分检验批。

一般情况下,地基基础分部工程中的分项工程都划分成一个检验批,有地下层的基础工程则根据不同的地下层来划分检验批。

以不同的楼层层面为依据,可以将屋面分部工程中的分项工程划分成不同的检验批。

对于其他分部工程中的分项工程在划分检验批的时候则通常以楼面为依据。工程量较少的分项工程、室外工程一般可以统一地划分成一个检验批。安装工程则通常以一个设备组别或者设计系统为一个检验批。至于散水、台阶以及明沟等一般都包含在地面检验批中。

7.2.2.3 建筑工程质量验收的程序和组织

(1)检验批与分项工程通常情况下由监理工程师与施工单位项目专业质量(技术)负责人来验收。

(2)分部工程的验收则一般是由总监理工程师与施工单位项目负责人以及技术、质量方面的负责人来实施的,此外,一些分部工程的验收也需要地基与基础、主体结构分部工程的勘察、设计单位工程项目负责人和施工单位技术、质量部门负责人的参与。

(3)施工单位在工程项目完工后,需要首先自己组织相关的人员对工程项目进行检查评定,而且要填写工程验收报告,并提交给建设单位。

(4)在收到工程验收报告后,建设单位(项目)的负责人要组织施工单位(包括分包单位)的负责人以及设计与建立等单位(项目)的负责人对单位或者子单位的工程进行验收。

(5)如果建筑工程项目的单位工程中有分包单位的施工,分包单位也要按照《建筑工程施工质量验收统一标准》规定的程序对其承包的工程项目来进行检查与评定,总包单位也要派相关的负责人来参加。而且分包单位在完成工程后要将相关的资料移交给总包单位。

(6)如果各个参与验收的单位在验收的时候,对于工程质量持的观点不一致,可以邀请当地的工程质量监督机构或者建设行政主管部门来协调处理。

(7)建设单位在工程质量验收合格后,应该在规定的时间内把工程竣工验收报告以及相关文件上报给建设行政管理部门留作备案。

7.3 建筑工程施工安全管理

7.3.1 施工安全管理

7.3.1.1 施工项目安全管理的概念

所谓施工项目安全管理就是利用现代管理的科学知识,对施工项目安全生产的目标要求进行概括、控制、处理,以使安全管理工作的水平得以提高。在具体的施工过程中,只有利用现代管理的科学方法对生产进行组织和协调,才能够使伤亡事故得到大幅度降低,进而使施工人员的主观能动性得到充分发挥。在经济效益和劳动生产率得以提高的同时,对不安全、不卫生的劳动环境和工作条件进行改变的情况,要加强施工项目安全管理力度。

7.3.1.2 施工安全管理及保证体系

安全生产是施工安全管理所要达到的目的,所以,施工安全管理的方针必须符合国家"安全第一,预防为主"的方针。

施工安全管理要达到以下 3 个方面的工作目标:第一,避免或减少一般安全事故和轻伤事故的发生;第二,杜绝重大、特大安全事故和伤亡事故的发生;第三,使施工中劳动者的人身和财产安全得到最大限度的保障。安全管理和安全技术是决定施工安全管理的工作目标能否实现的决定性因素。施工安全保证体系的构建是实现安全管理目标的前提,具体而言,包括的内容有以下 5 个方面:

(1)施工安全的组织保证体系。这一体系涉及最高权力机构、专职管理机构的设置和专兼职安全管理人员的配备,主要的任务是负责施工安全。

(2)施工安全的制度保证体系。岗位管理、措施管理、投入和物资管理以及日常管理是这一体系的主要内容。

(3)施工安全的技术保证体系。专项工程、专项技术、专项管理、专项治理等是施工安全技术保证体系的组成部分。安全可靠性技术、安全限控技术、安全保(排)险技术和安全保护技术 4 个安全技术环节为这一体系提供保证。

(4)施工安全的投入保证体系。这一体系的主要任务是确保施工安全应有与其要求相适应的人力、物力和财力投入,并发挥其投入效果。其中,在施工安全组织保证体系中可以解决人力投入问题,而物力和财力的投入必然离不开资金问题的解决。工程费用中的机械装备费、措施费(如脚手架费、环境保护费、安全文明施工费、临时设施费等)、管理费和劳动保险支出等是主要的资金来源。

(5)施工安全的信息保证体系。信息工作条件、信息收集、信息处理和信息服务是施工安全信息保证体系的 4 个组成部分。

7.3.1.3　施工安全管理的任务

企业和项目部安全管理机构的第一责任人分别为施工企业的法人和项目经理。具体而言,施工安全管理有以下几个主要任务:

1)设置安全管理机构

(1)企业安全管理机构的设置。企业应该设置安全管理机构,第一责任人为法定代表人,并按照企业的施工规模及职工人数专门设置安全生产管理机构部门,并配备专职安全管理人员。

(2)项目经理部安全管理机构的设置。作为施工现场第一线管理机构,项目经理部应该结合工程的特点和规模,设置安全管理领导小组,第一责任人为项目经理,项目经理、技术负责人、专职安全员、工长及各工种班组长是其主要成员。

(3)施工班组安全管理。施工班组要设置不脱产的兼职安全员,主要工作是为班组长的安全生产管理工作提供协助。

2)制订施工安全管理计划

(1)在项目开工之前,就应该编制施工安全管理计划,且在具体实施之前必须经过项目经理的批准。

(2)如果项目具有较为复杂的结构、较大的施工难度以及较强的专业性,不仅要制定项目总体安全技术保证计划,而且单位工程或分部、分项工程的安全施工措施的制定也是必不可少的。

(3)需要制定单项安全技术方案和措施,并审查管理人员和操作人员的安全作业资格、身体状况的施工作业包括高空作业、井下作业、水上和水下作业、深基础开挖、爆破作业、脚手架上作业、有毒有害作业、特种机械作业等专业性强的施工作业以及从事电器、压力容器、起重机、金属焊接、井下瓦斯检验、机动车和船舶驾驶等特殊工种的作业。

(4)实行总分包的项目,分包项目安全计划应纳入总包项目安全计划,分包人应服从总承包人的管理。

3)施工安全管理控制

人力(劳动者)、物力(劳动手段、劳动对象)、环境(劳动条件、劳动环境)是施工安全管理控制的对象。具体而言,包括以下几方面的内容:

(1)对薄弱环节和关键部位予以高度重视,控制伤亡事故的发生。在项目的施工过程中,安全工作的薄弱环节是分包单位的安全管理,对于总包单位来讲,要将分包单位的安全教育、安全检查、安全交底等制度建立起来并不断健全完善。对于分包单位的安全管理而言,实行的是层层负责制度,主要责任人是项目经理。高处坠落、物体打击、触电、坍塌、机械和起重伤害等都属于伤亡事故。

(2)施工安全管理目标控制。一般来讲,由施工总包单位根据工程的具体情况确定施工安全管理目标,具体而言,包括以下几方面的主要内容:①六杜绝:杜绝因公受伤、死亡事故;杜绝坍塌伤害事故;杜绝物体打击事故;杜绝坠落事故;杜绝机械伤害事故;杜绝触电事故。②三消灭:消灭违章指挥;消灭违章作业;消灭"惯性事故"。③二控制:控制年负伤率;控制年安全事故率。④一创建:创建安全文明示范工地。

7.3.2 施工安全管理实务

7.3.2.1 识别危险源

危险源指的是有可能导致人员受到伤害或发生疾病、物质财产受到损失、工作环境受到破坏的根源或因素。针对施工过程的特点，有效的识别危险源，进行风险评价，确定风险，并实施管理的优先排序。

7.3.2.2　确定项目的安全管理目标

按"目标管理"方法在以项目经理为首的项目管理系统内进行分解，进而确保每个岗位的安全管理，确保工人的安全。

7.3.2.3　编制项目安全技术措施计划

编制项目安全技术措施计划，也可以称为施工安全方案，指的是对施工过程中出现的危险源，用技术和管理手段进行控制或者消除，并用文件化的方式来表示。项目安全技术措施计划是进行工程项目安全控制的指导性文件，它要和施工设计图纸、施工组织设计和施工方案结合起来运用，才能发挥最好的效果。其中安全计划的内容包含有工程概况、管理目标、规章制度、组织机构与职责权限、风险分析与控制措施、安全专项施工方案、应急准备与响应、资源配置与费用投入计划、教育培训和检查评价、验证与持续改进等。

7.3.2.4　落实和实施安全技术措施计划

应按照表 7-1 要求实施施工安全技术措施计划，以减少相应的安全风险程度。

表 7-1　施工安全技术措施计划的实施方法和内容

方　法	内　　　容
安全施工责任制	施工安全技术措施计划的内容包括在企业内所规定的职责范围里，各个部门、各类人员对安全施工要负责任的制度
安全教育	(1)积极开展安全生产的宣传教育； (2)安全教育内容要包括安全知识、安全技能、设备技能、操作规程、安全法规等； (3)建立安全教育考核制度，并相应的保存考核证据； (4)电工、电焊工、架子工、司炉工、爆破工、机操工、起重工、机械司机、机动车辆司机等特殊工种工人，既要保证安全教育，还要保证必须经过专业安全技能培训，经考试合格持证后才能上岗； (5)在采用新技术、新工艺、新设备施工和调换工作岗位前，必须也要进行安全教育，未经过安全教育培训的人员不能上岗操作

方　法	内　　容
安全技术交底	要求： (1)施工现场必须实行逐级安全技术交底制度，直至交底到班组全体作业人员； (2)技术交底必须具体、明确，可操作性强； (3)技术交底的内容应针对分部分项工程施工中给作业人员带来的潜在危害和存在问题； (4)应优先采用新的安全技术措施； (5)应将施工风险、施工方法、施工程序、安全技术措施(包括应急措施)等向工长、班组长进行详细交底； (6)及时向由多个作业队和多工种进行交叉施工的作业队伍进行书面交底； (7)保存书面安全技术交底签字记录
	内容： (1)明确工程项目的施工作业特点和危险源； (2)针对危险源的具体预防措施； (3)应注意的相关沟通事项； (4)相应的安全操作规程和标准； (5)发生事故应及时采取的应急措施

7.3.2.5　应急准备与响应

施工现场管理人员要负责辨别各种紧急情况，准备出应急响应措施计划和应急资源，当发生安全事故时，要立即应急响应和应急措施。尽可能减少相应的事故影响和损失。特别注意防止在应急响应活动中可能发生的二次伤害。

7.3.2.6　施工项目安全检查

进行施工项目安全检查的目的主要是消除安全隐患、避免发生事故，完善防护条件、提高员工安全意识。

1)安全检查的类型

(1)定期进行安全检查。建筑施工企业应建立定期安全检查制度，建筑工程的施工现场最少做到每10天开展一次全面的安全检查工作，项目经理应该亲自组织安排施工现场的定期安全检查工作。

（2）时常性安全检查。建筑工程施工应该经常开展预防性的安全检查工作，这样能够及时发现存在的安全隐患，能有效地避免发生意外，保证施工的正常进行。经常检查工作的方式方法有：一安排专职安全生产管理人员和安全值班人员每天进行安全检查、巡逻；二项目经理、责任工程师和相关专业技术人员在检查生产工作的同时进行安全检查；三作业班组在班前、班中、班后进行的安全检查。

（3）季节性安全检查。季节性安全检查指的是根据天气或气候，例如雨天或者是雪天等，可能会对安全生产造成不利的影响而安排组织的安全检查。

（4）节假日安全检查。每逢节假日期间或是节假日前后，为防止现场的管理人员和作业人员思想松懈、纪律放松等进行的安全检查。

（5）开工、复工安全检查。指的是在工程项目开工和复工之前进行安全检查，主要检查的是施工现场的生产条件是否安全。

（6）专业性安全检查。指的是由专业人员对现场的某一项专业安全问题或在施工生产过程中存某一系统性的安全问题进行检查。这种专业性检查，主要是由专业工程技术人员和专业安全管理人员进行检查。

（7）设备设施安全验收检查。对现场塔式起重机等起重设备、外用施工电梯、龙门架及井架物料提升机、电气设备、脚手架、现浇混凝土模板支撑系统等设备设施在安装、搭设过程中或完成后进行的安全验收、检查。

2）安全检查的主要内容

施工现场重点检查的就是施工过程中是否有违章指挥和违章作业，要做到主动测量，做好预防措施。安全检查的主要内容如表 7-2 所示。检查后应编写安全检查报告，报告内容包括：已达标项目、未达标项目、存在问题、原因分析、纠正和预防措施。

表 7-2　安全检查的主要内容

类　型	内　　　容
意识检查	检查企业的领导和员工对安全施工工作的认识
过程检查	检查工程的安全生产管理过程是否有效，包括：安全生产责任制、安全技术措施计划、安全组织机构、安全保证措施、安全技术交底、安全教育、持证上岗、安全设施、安全标识、操作规程、违规行为、安全记录等
隐患检查	检查施工现场是否符合安全生产、文明施工的要求

类　型	内　　　容
整改检查	检查对过去提出问题的整改情况
事故检查	检查对安全事故的处理是否达到查明原因、明确责任,并对责任者做出处理,明确和落实整改措施等要求。同时还应检查对伤亡事故是否及时报告、认真调查、严肃处理

3)安全检查的主要方法

建筑工程安全检查在正确使用安全检查表的基础上,可以采用"问""看""量""测""运转试验"等方法进行,具体内容如表7-3所示。

表7-3　主要的安全检查方法

方　法	内　　　容
问	询问、提问,对包括项目经理在内的现场管理人员和操作的工人进行抽查,这样有助于了解他们是否有安全意识和安全素质
看	检查施工现场安全管理资料和对施工现场进行巡视检查。例如,查看项目负责人、专职安全管理人员、特种作业人员等的持证上岗情况;现场安全标志情况;劳动防护用品使用情况;现在安全防护情况;现场安全设施及机械设备安全装置配置情况等
量	使用测量工具对施工现场的一些设施、装置进行实测实量
测	使用专用仪器、仪表等监测器具对特定对象关键特性技术参数的测定。例如,使用漏电保护器测试仪对漏电保护器漏电动作电流、漏电动作时间的测定;使用地阻仪对现场各种接地装置接地电阻的测试;使用兆欧表对电机绝缘电阻的测定;使用经纬仪对塔式起重机、外用电梯安装垂直度的测试等
运转试验	由具有专业资格的人员对机械设备进行检验操作,主要检查的是机械运转的可靠性和操作的灵敏度

7.3.3　建筑工程施工安全管理案例

在某小区的工地施工过程中,某建筑公司在对外檐进行装修作业时,使用的是吊篮脚手架。某日,在吊篮升到10层时,由于南端吊点的卡扣突然崩开,使得中间吊点承重钢丝绳的卡扣也相继崩开,吊链链条也同时断裂,致使吊篮脚手架向南倾斜了约 40°,位于吊篮中部的 1 名作业人员被抛出,导致其坠落至地面死亡(落差为27m)。经过调查以后发现,这一事故的发生是因为施工单位在组装吊篮时并没有以安全技术规范为依据进行相应的操作,吊点的设置存在不合理性。吊索连接本应是插接,但在施工过程中,施工单位却将其改成了卡接的方式,且卡具安装数量也没有按照工艺要求进行。在吊索提升作业中,因未能实现同步提升,导致吊索具受力不均匀。由于荷载的进一步转嫁和断裂后失稳动载的作用,最终使得其他卡扣相继崩裂和吊链链条的同时断裂,致使吊篮倾斜。身处栏内的工作人员因没有使用安全带,导致其在事故发生时失去了自其保护能力,最终造成坠地身亡。

问题:

(1)对这起事故的发生原因进行简要分析。

(2)安全控制的含义及其目标。

(3)在安全生产管理过程中,"三同时"和"四不放过"是经常被提及的两个要点,这两个要点的具体内容是什么?

(4)针对所调查出的安全隐患应当做到"五定",这"五定"具体指什么?

(5)简要说明"三级安全教育"的内容。

答:

(1)造成这起事故的原因是:

第一,吊篮组装不符合安全规定,且没有按照安全技术规范进行,承重的钢丝绳卡接的卡扣数量不够,造成卡扣受力过大出现断裂现象。

第二,在进行作业前,针对吊篮所进行的安全检查工作,施工管理人员的工作没有做到位,未能及时发现其中所存在的安全隐患,从而造成了吊篮带"病"运行。

第三,安全生产过程的管理工作不到位,工作人员没有安全操作规程进行相应的作业,且高处作业也没有配系安全带。

(2)所谓的安全控制,指的是在生产过程中所涉及的计划、组织、监控、调节和改进等一系列致力于满足生产安全所进行的管理活动。

安全控制的目标可概述为较少和消除生产过程中的事故,并保证人员健康安全和财产免受损失。具体可表述为以下几点:①减少或消除人的不安全行为的目标;②减少或消除设备、材料的不安全状态的目标;③改善生产环境和保护自然环境的目标;④安全管理的目标。

(3)在安全生产管理过程中,所谓的"三同时"指的是安全生产与经济建设、企业深化改革、技术改造同步策划、同步发展、同步实施的原则。

所谓的"四不放过"则指的是在对工伤事故展开调查时,必须坚持这几方面原则,即事故原因分析不清不放过、员工及事故责任人受不到教育不放过、事故隐患不整改不放过、事故责任人不处理不放过。

(4)所谓的"五定"指的是定整改责任人、定整改措施、定整改完成时间、定整改完成人、定整改验收人。

(5)所谓的"三级安全教育"主要是指公司、项目经理部、施工班组三个层次的安全教育。要记录三级教育的内容、时间和考核结果,并按照建设部《建筑业企业职工安全培训教育暂行规定》的规定进行,这一规定的具体内容为:

公司教育内容是:国家和地方有关安全生产的方针、政策、法规、标准、规范、规程和企业的安全规章制度等。

项目经理部教育内容是:工地安全制度、施工现场环境、工程施工特点及可能存在的不安全因素等。

施工班组教育内容是:本工种的安全操作规程、事故案例剖析、劳动纪律和岗位讲评等。

7.4　建筑工程文明施工管理

7.4.1　文明施工管理

7.4.1.1　文明施工及其意义

所谓文明施工,指的是就施工现场来说就是要保证作业环境、卫生环境以及工作秩序的良好。就文明施工的工作内容来说,主要包括了对于施工现场的场容进行规范,保持作业环境的整洁与卫生;对于施工科学地进行组织促使生产的有序进行;尽量避免因施工对于周围居民以及环境造成的影响;力求使职工的安全和身体健康得到保障。

就文明施工来说,其意义主要包括以下几方面:

(1)文明施工有利于提高企业的综合管理水平。要保持良好的作业环境以及秩序,有利于安全生产的促进、施工进度的加快、工程质量的保证、工程成本的降低、经济和社会效益的提高。

文明施工涉及了人、财、物等各个方面,其贯穿于施工的每一个环节,具体对于企业在工程项目施工现场的综合管理水平进行了体现。

(2)文明施工有利于对于现代化施工的客观要求进行适应。要想实现施工的现代化,就需要在施工的过程当中采用先进的技术、工艺、材料、设备和科学的施工方案,此外,还需要保证组织的严密性、要求的严格性、管理的标准化以及职工素质的良好性等。

文明施工能够与现代化的施工要求相适应,是实现优质、高效、低耗、安全、清洁、卫生等施工要求的有效手段。

(3)文明施工是企业形象的代表。良好的施工环境和施工秩序,可以得到更为广泛的社会的支持和信赖,进而有助于企业的知名度与市场竞争力的提升。

(4)文明施工有利于保障员工的身心健康,有利于施工队伍整体素质的培养以及提高。文明施工有助于职工队伍的文化、技术以及思想素质的提升,有助于培养员工的尊重科学、遵守纪律、团结协作的大生产意识,进而有助于建设企业精神文明,在很大程度上会使施工队伍整体素质得到提高。

7.4.1.2 文明施工的组织与管理

就文明施工来看,其需要与之相对应的组织以及管理,其中主要涉及文明施工的组织和制度管理、文明施工资料的管理以及文明施工的宣传和教育等。

1)组织和制度管理

(1)就总承包单位而言,其承担着对于统一的文明施工管理制度进行制定的任务。就分包单位而言,其主要就是要遵从总承包单位的文明施工管理组织的统一管理,并且接受其监督。具体到施工现场来看,其应该成立文明施工管理组织,该组织的第一责任人是项目经理。

(2)具体到各个施工现场来看,其管理制度应该有文明施工的规定。主要涉及个人岗位责任制、经济责任制、安全检查制度、持证上岗制度、奖惩制度、竞赛制度以及各项专业管理制度等。

(3)为了进一步提高施工文明管理工作,应该加强对于现场文明检查、考核及奖惩管理,并将其落到实处。就检查范围以及内容而言,应该做到全面周到,主要涉及生产区、生活区、场容场貌、环境文明及制度落实等,对其进行检查,并且及时发现问题,还需要采取有针对性的整改措施。

2)文明施工资料的管理

要对于文明施工的相关资料进行收集与保存,这些都应该在相关的规定下进

行,具体来看,主要有以下几方面:

(1)上级关于文明施工的标准、规定、法律法规等资料。

(2)施工组织设计(方案)过程当中对质量、安全、保卫、消防、环境保护技术措施和对文明施工、环境卫生、材料节约等有管理规定,并有施工各阶段施工现场的平面布置图和季节性施工方案以及各阶段施工现场文明施工的措施等。

(3)文明施工自检资料。

(4)文明施工教育、培训、考核计划的资料。

(5)文明施工活动各项记录资料。

3)加强文明施工的宣传和教育

(1)基于岗位练兵的原则,狠抓教育工作,主要可以借助的方法包括派出去、请进来、短期培训、上技术课、登黑板报、听广播、看录像以及看电视等。

(2)对于临时工的岗前教育要提起高度的重视。

(3)作为专业的管理人员,应该熟悉地掌握文明施工的规定。

7.4.2 施工现场文明施工措施

7.4.3.1 现场围挡

就现场围挡来看,可以采用实体围墙,用轻质彩铝板隔断,围挡高度设定在2.5m,轻质彩铝板隔断把现场采用全封闭的方式围挡起来。

7.4.3.2 封闭管理

就施工现场来看,在出口处设置大门、门卫室,严格的执行门卫制度,进入施工现场需要佩戴工作卡。对于项目管理人员而言,要统一着装举止文明、礼貌待人,严禁粗话、野话。在门头的位置要设置企业的标识。

7.4.3.3 施工现场

就施工现场来看,要确保主干道的通畅,并且保证其视野的开阔与良好,就地面而言,要采用硬化地面。就施工现场的其他路面而言,也需要采用硬化路面,例如其他道路、搅拌区、加工区、办公生活区等。

在施工现场的主干道两侧、建筑物的周围、搅拌区、加工区以及办公区等需要设置排水沟,要保障排水沟之间的贯通性,在排水沟的出口处设置沉淀池,使污水、废水在经过沉淀、过滤之后再排到市政管道当中。

在施工现场需要设置专门的吸烟处,严禁在施工现场吸烟的无序性。在施工现场的入口处、办公生活区以及其他地方可以进行适当的绿化,可以设置一些花坛、绿地等。

7.4.3.4　材料堆放

在施工现场所有的料具都需要依据平面图规划、分区域、分规格的码放整齐,并且插牌标示出来,大型工具一头见齐,钢筋需要垫起来,严禁出现各种料具乱堆乱放的现象。

基于明确的区域分项责任制对于施工现场进行管理,就整个现场来看,需要时刻保持干净与整洁。落地灰粉碎过筛之后需要及时回收使用。要将工程垃圾堆放整齐,分类标识,集中保管,禁止乱扔乱放,要定时将工程垃圾清理运输出去。要保证楼层、道路以及建筑物周围没有散落的混凝土和砂浆、碎砖等杂物。就施工作业层而言,要力求做到日做日清,完一层净一层。

就水泥库而言,其需要高于地面超过 20cm 的距离,之后做防潮层,水泥地面压光。在施工现场,应该设有危险品库,将易燃、易爆的物品分类单独存放在里面。

7.4.3.5　现场防火

在施工现场,需要有一定的消防制度并具有相应的消防措施,需要建立自上而下的防火组织,成立消防小组,要做到有训练、会报警、能扑救。

要按照规定对于消防器材进行合理的配置,保证其齐全有效,并安排专人对其进行管理,严禁挪作他用。

需要在有审批手续的前提下进行明火作业,操作人员需要具备消防器材专业培训证,有动火监护措施以及防范措施。要尽力消除一切火灾隐患,危险品库要与防火规定相符合,易燃易爆物品的存放要合理;木工棚内碎木屑、锯末要随时进行清理。

7.4.3.6　治安综合治理

在项目工地可以设置俱乐部和会议学习室,其中俱乐部需要设置专人进行管理。有治安保卫制度和责任分解。护场人员需要做到坚守岗位、加强防范,要集中对于自行车的存放进行管理,办公室要做到随手关门、锁门,要妥善对于微机、水平仪以及经纬仪等贵重仪器进行保管。

7.4.3.7 施工现场标牌

在施工现场一进门的地方设置五牌一图,需要注意的是,需要按照施工阶段对于施工现场平面图进行及时的调整,要做到内容标注齐全,布置合理。一般情况下,五牌一图为白底黑字,其规格为 2m×2m。

在施工现场要悬挂标语,内容涉及企业的承诺、企业的质量方针以及安全警示等。

在会议室当中要悬挂荣誉展牌,各项管理制度、集团规范化服务达标标准、职业道德规范要做到明示上墙。要保证办公室的清洁与整齐,文件图纸要归类存放。要在生活区设置宣传栏、读报栏以及黑板报。

7.4.3.8 生活设施

要在施工现场设置冲水厕所以及淋浴间。并且设置食堂,要保证食堂符合卫生管理制度,炊事员要做到执证上岗,食堂也需要卫生符合要求,要保证饮用水的卫生合格。要配备专职人员对于生活垃圾进行处理,保证清理的及时性。

要设有淋浴间,保证里面有热水淋浴器,排水顺畅,干净整齐。

就食堂来看,要配备齐全的灶具、炊具以及调料,要勤对于室内进行打扫,使得环境的卫生得以保证。就自行车棚来说,要做到防雨、防晒、安全可靠。

7.4.3.9 保健急救

在施工现场需要设置急救箱,备有一定的急救器材,并且懂得必要的急救措施,义务人员要有规律的进行巡回医疗,大力开展相关的宣传活动,对于相关急救人员进行培训。

7.4.3.10 社区服务

在施工作业区以及加工区要设置相关的防尘、防噪设施。需要在审批通过的前提下进行夜间施工。严禁在施工现场对有毒、有害的物质进行焚烧。力求做到施工不扰民,并且采用一定的措施。

参考文献

[1]卜良桃.土木工程施工[M].武汉:武汉理工大学出版社,2015.

[2]丁洁.建筑工程项目管理[M].北京:北京理工大学出版社,2016.

[3]冯松山,李海全.建设工程项目管理[M].北京:北京大学出版社,2011.

[4]何培斌,庞业涛.建筑工程项目管理[M].北京:北京理工大学出版社,2013.

[5]李文渊.土木工程施工[M].武汉:华中科技大学出版社,2013.

[6]刘健,唐春平.建筑工程项目管理[M].武汉:武汉理工大学出版社,2011.

[7]刘晓丽,谷莹莹,刘文俊.建筑工程项目管理[M].北京:北京理工大学出版社,2013.

[8]穆静波.土木工程施工[M].北京:中国建筑工业出版社,2014.

[9]苏慧.土木工程施工技术[M].北京:高等教育出版社,2015.

[10]王军霞.建筑施工技术[M].北京:中国建筑工业出版社,2011.

[11]王丽荣.土木工程施工[M].北京:人民交通出版社,2014.

[12]王利文.土木工程施工技术[M].北京:中国建筑工业出版社,2014.

[13]王守剑,毛润山.建筑施工技术[M].长春:东北师范大学出版社,2014.

[14]王云.建筑工程项目管理[M].北京:北京理工大学出版社,2012.

[15]王作文.房屋建筑学[M].北京:化学工业出版社,2011.

[16]王作文.工程建筑机械使用与管理[M].哈尔滨:哈尔滨地图出版社,2004.

[17]王作文.建筑工程施工与组织[M].西安:西安交通大学出版社,2014.

[18]王作文.建筑装饰工程项目分析与实践探究[M].北京:中国原子能出版社,2015.

[19]王作文.土木工程施工[M].北京:中国水利水电出版社,2011.

[20]王作文.土木工程施工技术与组织管理研究[M].上海:上海交通大学出

版社,2017.

[21]王作文. 土木建筑工程概论[M]. 北京:化学工业出版社,2012.

[22]危道军,刘志强. 工程项目管理[M]. 武汉:武汉理工大学出版社,2009.

[23]魏瞿霖,王春梅. 建筑施工技术[M]. 北京:清华大学出版社,2017.

[24]吴美琼,徐林. 建筑工程项目管理[M]. 北京:中国水利水电出版社,2015.

[25]吴志斌等. 建筑施工技术[M]. 北京:北京理工大学出版社,2011.

[26]吴志红,陈娟玲,张会. 建筑施工技术[M]. 南京:东南大学出版社,2016.

[27]熊丹安,汪芳,李秀. 土木工程施工[M]. 广州:华南理工大学出版社,
    2015.

[28]熊跃华. 土木工程施工[M]. 武汉:武汉大学出版社,2014.

[29]徐伟,吴水根. 土木工程施工基本原理[M]. 上海:同济大学出版社,2014.

[30]杨国立. 土木工程施工[M]. 北京:中国电力出版社,2013.

[31]杨建中. 土木工程施工[M]. 郑州:郑州大学出版社,2015.

[32]杨谦,武强. 建筑施工技术[M]. 北京:北京理工大学出版社,2015.

[33]袁翱. 土木工程施工技术[M]. 西安:西安交通大学出版社,2014.

[34]张迪,金明祥. 建筑工程项目管理[M]. 重庆:重庆大学出版社,2014.

[35]张建新,张洪军. 建筑工程新技术及应用[M]. 北京:中国建材工业出版
    社,2014.

[36]张现林. 建筑工程项目管理[M]. 西安:西安交通大学出版社,2012.

[37]赵学荣,陈烜. 土木工程施工[M]. 南京:江苏科学技术出版社,2013.

[38]赵育红. 建筑施工技术[M]. 北京:中国电力出版社,2015.

[39]钟春玲. 土木工程施工[M]. 北京:中国质检出版社,2013.

[40]钟汉华,熊学忠. 建筑施工技术[M]. 武汉:华中科技大学出版社,2015.

[41]钟汉华,赵建东,林张纪. 建筑工程项目管理[M]. 北京:中国水利水电出
    版社,2014.

[42]钟汉华. 建筑工程项目管理[M]. 北京:中国铁道出版社,2013.

[43]周岩枫,李本鑫. 建筑工程项目管理[M]. 北京:冶金工业出版社,2013.

[44]祝彦知等. 土木工程施工[M]. 郑州:黄河水利出版社,2013.

[45]白辛. 地下防水工程施工综述[J]. 黑龙江科技信息,2016(16).

[46]陈茂湖. 钢筋混凝土工程施工技术质量探讨[J]. 科技创新与应用,2012
    (22).

[47]陈顺强. 浅谈建筑地基基础工程施工技术[J]. 建材与装饰,2016(20).

[48]董卫伟.建筑工程土方施工技术管理探讨[J].现代商贸工业,2013(15).

[49]董小坤.建筑工程施工项目质量管理与控制[J].工程与建设,2010(04).

[50]顾谦.解析现代建筑地基基础工程施工技术[J].门窗,2014(02).

[51]何少军.建筑工程中的进度计划管理体系研究[J].门窗,2013(05).

[52]侯少杰.王彦霞.综述建筑工程土方填筑及压实施工技术[J].建材与装饰,2016(28).

[53]胡梦岚.建筑工程投资中的造价控制[J].内蒙古煤炭经济,2016(Z1).

[54]黄元斌,曹林同.加强建筑工程施工项目安全管理措施的探讨[J].甘肃科技纵横,2012(02).

[55]姜巍.关于建筑地基基础工程施工相关问题的探讨[J].民营科技,2015(08).

[56]冷雪琴,水源源.地基与基础工程施工技术分析[J].建材与装饰,2016(17).

[57]李浩明.浅析建筑工程施工质量控制措施[J].科技信息,2012(31).

[58]李建斌.建筑地基基础工程施工技术浅析[J].建设科技,2015(19).

[59]李睿.加强建筑工程施工安全管理的办法[J].江西建材,2016(05).

[60]李淑芝.谈建筑工程项目资源管理[J].商业经济,2010(09).

[61]李志超.建筑工程的项目采购管理[J].项目管理技术,2009(S1).

[62]梁少钧.建筑工程设计与投资控制[J].西部探矿工程,2005(06).

[63]刘国戈.建筑工程中钢筋混凝土施工技术分析[J].建材与装饰,2016(20).

[64]刘科学.浅谈地下防水工程施工技术[J].建设科技,2016(14).

[65]刘文宣.如何加强建筑工程施工项目质量管理的探讨[J].江西建材,2015(05).

[66]罗晓伟.建筑工程施工进度控制与管理探究[J].建材与装饰,2016(38).

[67]马浩.浅论建筑工程投资控制与管理[J].农业科技与信息,2013(01).

[68]聂贵彬.建筑工程施工项目的质量控制[J].科技与企业,2012(03).

[69]宋盛国,刘琪,马惠.地下防水工程综合施工技术[J].建筑技术,2007(04).

[70]宋修梅,安国文.浅析土方工程机械化施工技术应用[J].门窗,2012(12).

[71]孙勇.建筑工程进度计划的实施及控制[J].内蒙古科技与经济,2009(21).

[72]唐宏伟.建筑工程施工项目安全管理问题研究[J].中国新技术新产品，2012(02).

[73]田不群.地下防水工程施工探析[J].山西建筑,2015(16).

[74]王波.建筑钢筋混凝土结构工程施工技术研究[J].建材与装饰,2016(33).

[75]王君良.浅析土方工程机械化施工技术应用[J].黑龙江科技信息,2013(04).

[76]王明洲,许涛.论我国建筑地基与基础工程施工[J].黑龙江科技信息，2012(08).

[77]吴恒辉.建筑工程钢筋混凝土施工技术[J].科技信息(学术研究),2008(17).

[78]吴敬东.建筑工程施工安全控制与管理[J].中国新技术新产品,2012(11).

[79]吴丽萍.建筑工程投资控制中存在的问题及对策[J].辽宁经济,2007(02).

[80]徐阜新.建筑屋面防水工程施工技术探讨[J].住宅与房地产,2016(18).

[81]许胜强,胡栋.浅谈建筑钢筋混凝土工程施工技术[J].四川水泥,2016(09).

[82]杨建红.建筑工程施工项目质量管理与控制初探[J].科技资讯,2009(28).

[83]杨胜.钢筋混凝土工程冬季施工技术[J].山西建筑,2005(19).

[84]叶建国.建筑工程施工项目质量管理与控制研究[J].信息化建设,2016(04).

[85]于党辉.浅谈建筑地下防水工程施工[J].中国高新技术企业,2011(01).

[86]张春菊.试析建筑工程投资成本管理[J].住宅与房地产,2015(22).

[87]张景铭.浅谈建筑工程中钢筋混凝土施工技术[J].建材与装饰,2016(21).

[88]张璐.浅析建筑工程施工项目的安全管理.江西建材[J],2016(12).

[89]张伟,张秋艳.简述屋面防水工程施工技术要点[J].黑龙江科学,2014(09).